U0562687

爱 上 北 外 滩

HISTORY OF THE NORTH BUND

⊙ 主编 熊月之

河滨大楼

EMBANKMENT BUILDING

⊙ 彭晓亮 著

上海人民出版社 学林出版社

本书获虹口区宣传文化事业专项资金扶持

《河滨大楼》编纂委员会

主　任

吴　强　郑　宏

主　编

熊月之

副主编

陆　健　李　俊

撰　稿

彭晓亮

策　划

虹口区档案馆

虹口区地方志办公室

序

地理社会学常识告诉我们，山环挡风则气不散，有水为界则气为聚。世界上大江大河弯环入海处，每每就是人类繁衍、都市产生、文明昌盛之地。

浩浩黄浦，波翻浪涌，流经上海城厢东南一带，缓弯向北，与吴淞江合流之后，又急弯向东，折北流入长江口。黄浦江在上海境域流线，恰好形成由两个半环连成的“S”形。于是，这里成为聚人汇财的风水宝地。

虹口一带江面，为江（吴淞江）浦（黄浦）合流之处。二水合力作用，使得这里水深江阔、江底平实，最宜建造码头、停泊船只、载人运货。此地呈东西向。水北之性属阳，那是阳光灿烂、草木葳蕤、熙来攘往、生机盎然之所在，宜居宜业宜学宜游。于是，林立的码头、兴旺的商铺、别致的住宅、华美的宾馆、发达的学校、美丽的花园、慈善的医院，还有各国的领事馆，成为虹口滨江一带亮丽的风景。

虹口滨江一带，近代曾属美租界。美、英两租界在1863年合并为公共租界以后，在功能上有所区分。苏州河以南、原为英租界部分，以商业、金融、住宅为主；苏州河以北、原为美租界部分，西段（虹口）以商业、文化、住宅、宾馆、领馆较为集中，东段（杨树浦）以工业较为集中，航运业则为两段所共有。

于是，黄浦江在此地的弯环处，即从南京路到提篮桥一带，成为上海名副其实的国际会客厅。这里分布了众多的宾馆、公寓、领馆，以及教堂、公园、剧院、邮局等公共设施。汇中饭店、华懋饭店、浦江饭店、上海大厦、上海邮政大楼、河滨大楼，外滩公园，英国领事馆、美国领事馆、俄罗斯领事馆、日本领事馆、意大利领事馆、奥匈帝国领事馆、比利时领事馆、丹麦领事馆、葡萄牙领事馆、西班牙领事馆、挪威领事馆，均荟萃此地。五洲商贾，四方宾客，由吴淞口驶近上海，首先映入眼帘的，便是这一带风姿各异、错落有致的楼宇、桥梁与花园。他们离开上海，最后挥手告别的，也是这道风景线。难怪，20世纪二三十年代关于上海城市的明信片上，最为集中的景点也是这些。

本套丛书记述的浦江饭店、上海大厦、上海邮政大楼、河滨大楼，正是上海会客厅中的佼佼者。

浦江饭店（原名礼查饭店）是上海也是中国第一家现代意义上的国际旅馆，位置绝佳，设施一流。来沪的诸多名人，包括著名的《密勒氏评论报》的创始人富兰克林·密勒、主编鲍威尔，美国密苏里大学新闻学院院长沃尔特·威廉，采访过毛泽东等中共领袖、撰写《西行漫记》的美国记者斯诺，美国知名小说家与剧作家彼得·凯恩，国际计划生育运动创始人山额夫人，诺贝尔文学奖获得者萧伯纳，享有“无线电之父”美誉的意大利科学家马可尼，均曾下榻于此。中国政界要人、工商界巨子、文化界名人，颇多在此接待、宴请外宾，诸如民国初年内阁总理唐绍仪、外交家伍朝枢、淞沪护军使何丰林、南京国民政府外交部长王正廷，虞洽卿、宋汉章、张嘉璈、方椒伯，复旦大学校长李登辉，翻译家邝富灼，著名防疫专家伍连德，出版家张元济，等等。上海工部局的总董、董事，上海滩的外国大亨，教会学校的师生，借这里宴客、聚会，举行毕业典礼，更是家常便饭。他们之所以选择这里，因为这里代表上海的门面，体现上海的身份，反映上海的水平。1927年“四一二”反革命政变以后，遭国民党反动派追捕的无产阶级革命家周恩来、邓颖超夫妇，也曾在这里隐身一个多月。

上海大厦（原名百老汇大厦），是历史悠久、风格别致、装潢典雅、国际闻名的高级公寓，一度是上海最高建筑，也是近赏外滩、远眺浦东、俯察二河（黄浦江、苏州河）、环视上海秀色的最佳观景台。新中国成立后，这里曾是上海接待外国元首的最佳宾馆，党和国家领导人曾陪同外国元首、贵宾，在这里纵论天下大事，细品上海美景。上海大厦是上海历史变迁的见证。1937年日本侵占上海以后，百老汇大厦一度成为日本侵华据点。日本宪兵队特务机构特高课、日本文化特务机构“兴亚院”的分支机构设在这里，许多日本高级将领、杀人魔王入住其中，烟馆、赌场亦开设其中。这里变成骇人听闻、乌烟瘴气的魔窟。抗战胜利后，国民党中央宣传部国际宣传处上海办事处、一批美军在华机构相继迁居其中，一大批外国记者居住于此，法国新闻社、美国新闻处、经济日报等也搬了进来，使得这里成为与西方世界联系最密切的地方。1949年上海解放前夕，蒋经国是在这里举行他离开上海前最后一次会议。上海的最后解放，也是以百老汇大厦回到人民手中为标志的。

上海邮政大楼是上海现代邮政特别发达的标志。邮政是国家与城市的经脉。近代上海是我国现代邮政起步城市，全国邮政枢纽之一，也是联系世界的邮政结点之一。邮政大楼规划之精细，设计之精心，建筑之精美，管理之精良，名闻遐迩。耸立在正门上方的钟楼和塔楼，塔楼两侧希腊人雕塑群像，蕴含的深意，更增添了大楼的美感与韵味。这是迄今保存最为完整、我国早期自建邮政大楼中的仅存硕果，其历史价值无可比拟。邮政大楼矗立北外滩，其功能与航运码头相得益彰，航邮相连，增强了这一带楼宇功能相互联系、相互补充的整体感。至于发生在大楼里、与现代邮政有关的故事，诸如邮票发行、业务拓展、人事代谢，更是每一部中国近代邮政史都不可或缺的。

河滨大楼是近代上海最大公寓楼，商住两用，高8层，占地近7000平方米，建筑总面积近4万平方米，有“远东第一公寓”之美誉。业主为犹太大商人沙逊，整幢建筑呈S造型，取Sassoon的首字母，可谓匠心独具。大楼建筑宏敞精美，用料考究，塔楼、暖气、电梯、游泳池、深井泵、消防泵等各种现代设施一应俱全。楼里起初居住的多为西方人，内以英国人、西班牙人、葡萄牙人、美国人居多。《纽约时报》驻沪办事处、米高梅影片公司驻华办事处、联合电影公司、联利影片有限公司、日华蚕丝株式会社、京沪沪杭甬铁路管理局等中外企业、机关团体、公益组织，最早在楼内办公。抗战胜利以后，上海市轮渡公司、联合国善后救济总署中国分署、联合国驻沪办事处、联合国国际难民组织远东局等，也在此办公。20世纪50年代起，上海中医学院在楼内创立，上海市第一人民医院曾设诊室于此，而众多文化名人入住楼内，更使得这里的文化氛围益发浓厚。

虹口是海派文化重要发源地、承载地、展陈地。新时代虹口，正在绘制新蓝图。经济发达、科技先进、交通便捷、文化繁荣、环境优美，是虹口人的愿景。深入发掘、研究、阐释虹口丰厚的文化底蕴，擦亮虹口文化名片，是虹口愿景的题中应有之义。虹口区高度重视这项工作。本套丛书撰稿人，均多年从事上海历史文化研究，积累丰厚，治学严谨。这四本书，都是第一次以单行本方式，独立展示每一座地标建筑的文化内涵。相信这四本书的出版，对于人们了解北外滩、欣赏北外滩，一定能起到知其沿革、明其奥妙、探赜索隐、钩深致远的作用。

会客厅是绽放笑容、释放热情、展陈文化的场所。这四本书，就是虹口四座大楼向八方来客递上的一张写有自家履历的名片。

熊月之

2020年12月9日

目录

EMBANKMENT BUILDING

河　滨　大　楼

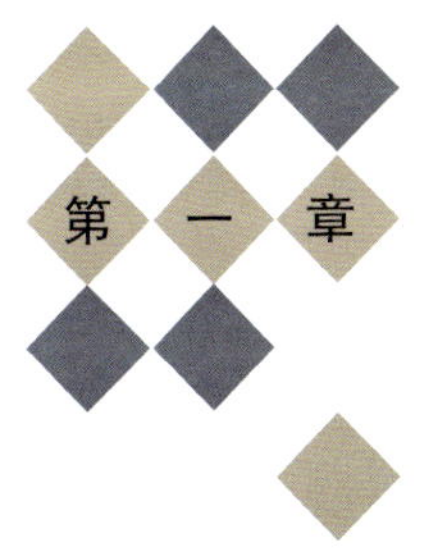

第一章 远东第一公寓

坐落在上海市虹口区北外滩，位于苏州河北岸、河南路桥北堍，南滨北苏州路，北依天潼路，西临河南北路，东至江西北路的庞大建筑体，名叫河滨大楼，是当年上海最大的一座公寓楼，由近代上海犹太裔房地产巨商维克多·沙逊投资建造，属于英商新沙逊洋行的产业，有“远东第一公寓”之称。河滨大楼矗立于北苏州路上，有多个门牌号，如北苏州路400号、410号、384号、370号、360号等。

自1930年年底开工，1932年上半年建成以来，河滨大楼吸引了无数目光，入住过数不尽的人物，发生过说不尽的故事，寄托着诉不尽的情怀。90年江河奔流，物换星移，惟有经典依旧，真情永恒。在城市更新日新月异的今天，河滨大楼俯瞰苏州河，遥望黄浦江，历经沧桑变迁，巍然屹立，气度依然。我们回溯过往，是为了更好地理解当下，更好地展望未来。让我们一起认识这样一幢老房子，了解它的前世今生，细细体味历史的凝重、城市的功能，思索居住的意义，以及人文的价值。

对于人来说，出生、成长、学习、工作、生活，无论走到哪里，都是离不开房子的，从认识、了解到熟悉，相伴相依。对于建筑来说，一砖一瓦、一草一木、

20 世纪 30 年代的河滨大楼

北苏州路 400 号门口（彭晓亮摄）

一亭一阁、一步一景，年代愈来愈久远，住的人越来越多，老房子也似乎更有人情味了。新房子会变老，老房子也会变新。“建筑是可以阅读的，街区是适合漫步的，城市始终是有温度的”，让我们走入老房子，轻抚那些斑驳的印迹，追寻那些逝去的光影，倾听那些耐人寻味的故事。

北苏州路 360 号门口（彭晓亮摄）　北苏州路 370 号门口（彭晓亮摄）

西望河滨大楼（秦战摄）

一、未有大楼之时

在河滨大楼建造之前，其地块上，曾有日本旅馆东和洋行、近代买办徐润地产、犹太富商哈同住宅，以及房地产巨头沙逊家族所建的宝泰里、宝康里，已经发生了不少故事。对这一地块的由来，我们先作一个简单回顾。

早期的东和洋行（陈祖恩教授提供）

（一）

日本旅馆东和洋行

据上海日侨史研究专家陈祖恩教授考证，1886年开业的东和洋行，位于铁马路（今河南北路）、北苏州路交叉口，由日本侨民吉岛德三夫妇创设，是上海最早的日本旅馆。[1]

东和洋行原址，即后来的河滨大楼西面靠近河南路桥的一端。笔者目前所见提及东和洋行的英文记载，以1888年1月出版的《字林西报行名录》（*The North China Desk Hong List*）为最早，当时的门牌号为北苏州路42号。中文史料提及东和洋行，以《申报》为最早。1888年11月，日本画师入泽鼓洲到上海卖画，寓居东和洋行内，在《申报》连续五天发布广告称："日本入泽鼓洲先生素精丹青，能长南北画宗。近日乘槎豪游沪上，安砚铁马路桥天后宫对门东和洋行内，润资格外从廉，赏鉴诸君盍一试之。"[2]另据1889年1月出版的《字林西报行名录》记载，日本画师入泽鼓洲住在北苏州路42号，与《申报》广告正好互为印证。1894年6月，日本女西医丸桥到上海行医，也住在东和洋行，每天上午在东和洋行坐诊，下午在四马路西胡家宅百花祠中外大药局坐诊。自8月31日起，丸桥医生登报声明，从东和洋行搬到天津路石库门房子中继续施诊。[3]

住过东和洋行的名人为数不少，如孙中山、黄兴、船津辰一郎、头山满、内田良平、土肥原、大阪每日新闻社社长本山彦一、东京帝国大学教授吉村讚次、日本数理哲学馆馆长本田苏泉，都曾在此下榻。1894年3月，东和洋行发生了朝鲜开化党首领金玉均被洪钟宇枪杀事件，轰动一时。[4]

1916年2月，日本著名的古籍书店文求堂主人田中庆太郎为收购古籍字画，特地来到上海，住在东和洋行，6日至12日在《申报》连登七天收买旧书字画广告："鄙人

刺金图（陈祖恩教授提供）

现来沪，欲收买旧板精印书籍、旧拓法帖及明清学者字画，欲售者请携带来寓，当面议值。每天由午后一时至午后四时为止，过期不候。上海铁大桥东和洋行寓田中庆太郎启”。[5]

1920年，日本作家大谷是空曾在上海游历三个月，

东和洋行广告（陈祖恩教授提供）

寓居东和洋行，一度在虹口六三园、月迺家花园等处与吴昌硕、王一亭、宗方小太郎等友人以诗酒唱和。因住在东和洋行，在一个雨天里，大谷是空有感而发，留下了“铁马桥边车马绝，听时江畔夜乌啼”的诗句。[6]“铁马桥”，指当年的铁马路木桥，即四川路桥，因此写入了

20 世纪初叶的四川路桥与苏州河

日本作家的诗中。

1922年2月5日，北洋政府司法部法律编纂馆顾问、日本人岩田一郎到上海调查监狱情形，住在东和洋行。巧的是，2月6日陪同岩田一郎走访的日本驻沪总领事，正是1889年就曾住过东和洋行的船津辰一郎。[7]

1930年，因新沙逊洋行（E. D. Sassoon & Co., Ltd.）要在该处建造河滨大楼，经营了44年的东和洋行建筑遂被拆除，先后迁至文监师路（今塘沽路）、北四川路（今四川北路）继续营业。[8]

在河滨大楼建造之前，东和洋行曾是河南路桥北堍苏州河畔的一道风景线，客来客往，络绎不绝，一直持续了40多年。建筑虽早已不存，却留下了可供后人稽考追溯的史迹印痕。

（二）
近代买办徐润地产

徐润（1838—1911），名以璋，字润立，又名润，号雨之，别号愚斋，广东香山人。他自15岁起就到上海，先在宝顺洋行做学徒，通过自己的聪颖勤奋，很快做到帮理账务、主账，既而升为副买办，又做到总买办。在宝顺洋行任职期间，他先后与人合伙经营绍祥字号、敦茂钱庄、润立生茶号、协记钱庄等，在经营方面大显身手，赚得盆满钵满。他还在上海多处有发展潜力的地段，买地近3000亩，建屋2000余间，成为上海房地产巨商。1868年，他自宝顺洋行离职，创办宝源祥茶栈，发展成为上海规模最大、实力最强的茶栈。1873年，李鸿章委任他为轮船招商局会办，后任总办。他广泛投资于保险公司、煤矿、金矿、银矿等，顺风顺水，盛极一时。但天有风云莫测，19世纪80年代，由于中法战争等因素影响，徐润遭遇惨痛之败，后东山再起，仍为近代中国实力雄厚的著名绅商之一。徐润乐善好施，造福无数，有

徐润

《徐愚斋自叙年谱》《上海杂记》等行世。

据徐润在《徐愚斋自叙年谱》中记载，1887年（光绪十三年），“上海原有唐氏谦益地产公司，是年西友拟将该公司地产承受，再购地推广，立业广房产公司。余在唐山洋友金美氏带图来见，要买珊家园及虹桥滨西海宁路之南三段，约地三百亩，出价二百两至四百五十两，拟造平房兼花园云云。斯时债累不轻，银钱尤紧，思想一夕，遂照还价每亩加银五十两，转契交银让出。以目下论之，何只二三十倍。然久欠亦有碍名誉，倘来之物，无足轻重耳”。[9]

由徐润的自叙年谱可知，包括河滨大楼所在的大部分地块，在1887年以前是属于徐润所有的。当时他一度债台高筑，恰在此际，仁记洋行、元芳洋行、兆丰洋行、公平洋行联合发起的英商业广地产公司刚成立，在租界大举购置地产，看中此地，便要出资把这地块购买下来。300亩的土地，价值可不是小数目，所以缺钱周转、遭遇难关的徐润，足足考虑了整整一夜，最后决定忍痛割爱，把土地出让了。后来，该地块自然是水涨船高，身价陡增，与1887年之前不可同日而语。到晚年回顾自己的一生时，徐润对自己50岁时所做的决定，依然

晚清时期的苏州河畔

记忆犹新，但并无悔意，因为在他看来，名誉第一位，信用才是立身之本。“久欠亦有碍名誉，倘来之物，无足轻重耳”，这恰恰反映出徐润立身处世的名利观。

（三）
哈同、罗迦陵住宅

这一地块上，还曾有近代著名犹太富商、一生颇具传奇色彩的哈同夫妇住宅。据著名报人徐铸成所著的《哈同外传》记载，哈同与妻子罗迦陵的住宅早年原在江西路桥（亦称自来水桥）北堍，其原址即今河滨大楼东端，面积约三四亩，除主楼外，也有附属建筑，还布置了一个景致不错的小花园；而且这房子滨临苏州河，

哈同

罗迦陵

地段极佳，离英国领事馆和哈同洋行都不远。后来，因罗迦陵要搬走的主意已定，哈同只好忍痛割爱，将这座住宅出让给他人，当然也得了一笔比较可观的收入。[10]

抗战期间，1942年，江西路桥被日伪拆除。1947年1月，上海市参议会曾制订一份《“沟通苏州河南北

两岸交通”工程计划书》，其中就极力主张重建江西路桥：“该桥又名自来水桥，在抗战期间被敌伪拆除，行人车辆均绕道四川路桥或河南路桥而行，致两桥交通益形拥挤。如将该桥重建后，该段车旅交通可获莫大之改善。”[11]因当时社会环境所限，该计划未能实现。如今，

早期的江西路桥，亦称自来水桥

交通条件和环境远胜于当年，已不可同日而语了。

（四）

宝泰里、宝康里

1877年，维克多·沙逊的祖父伊利亚斯·沙逊花8万两白银，买下了原属美商琼记洋行的南京路外滩产业11亩多（包括今和平饭店北楼地块），开启了在上海的不动产投资。同年，维克多·沙逊的父亲和叔叔以9.5万两白银低价购入了天潼路以南、河南北路以东的四块土地，共28亩多。[12]

据1884年点石斋绘制的《上海县城厢租界全图》标识，当年苏州河畔北河南路与北江西路之间这一地块上，在靠近北江西路的一面，有两个石库门里弄，一个叫宝泰里，一个叫宝康里。据笔者查阅《申报》记载，关于宝泰里的报道，始自1890年，终于1913年，其中1898年还有一位名叫徐玉山的医生在宝泰里行医。关于宝康里的报道，则始自1895年，终于1928年11月。

娄承浩在短文《河滨大楼》开头是这样表述的："20世纪20年代，河滨大楼地皮原来是老沙逊建造的宝康里石库门里弄住宅。沙逊看到苏州河南岸的南京路周围地产猛涨，断然决定将宝康里全部拆除，兴建中档旅馆或公寓，供包月出租。"[13]据此可以断定，宝康里是维克多·沙逊为建造河滨大楼而拆除的。

早期苏州河

新沙逊洋行的创立者伊利亚斯·沙逊

二、大楼建造

1929年9月，位于南京路外滩的沙逊大厦（今和平饭店北楼）正式建成。有了豪华气派、刷新上海天际线的第一高楼，维克多·沙逊的底气更足了。此前，新沙逊洋行在房地产经营方面，主要是投资建造里弄房屋，沙逊大厦建成以后，信心倍增，就转型到以建造高楼大厦和西式住宅为重点了。已建成最高建筑，再建个最大建筑，就更妙了！这时，踌躇满志的沙逊，准备把苏州河畔北河南路与北江西路之间的这块地皮充分利用起来，最理想的主意是建个超级大公寓，全部租出去，放眼未来，绝对是一本万利的生意。

任何一幢现代建筑，从最初的想法到画在图纸上，再到付诸施工建设，都是设计先行。河滨大楼设计是由著名的英商公和洋行（Palmer & Turner Architects）担纲。公和洋行在上海以专门设计银行建筑起家，横滨正金银行、麦加利银行、有利银行都是其早期作品。此前，公和洋行已设计了上海多座有名的雄伟建筑，如工部局大楼、汇丰银行大楼、江海关大厦、沙逊大厦等，林立外滩，精彩纷呈，使得公和洋行在上海滩声誉日隆，此后上海的大型建筑设计多数出自其手。在此前设计沙逊大厦的密切合作中，公和洋行得到沙逊的赏识，因此沙逊想象中的“远东第一大公寓”的设计，仍请公和洋行继续承担。

此前设计的刷新上海高度的沙逊大厦刚刚建成，又要从黄浦江边转移到苏州河畔，对于这块总面积将近7000平方米、形状颇不规则的土地，如何实现最大限度地有效利用呢？又怎样才能达成沙逊心中超级大公寓的愿望？见多识广的公和洋行设计师灵机一动，何不因地制宜设计一个独特造型、不可复制的大公寓！既可以使业主的土地利用率大大提高，利益最大化，又能满足将来住户对于高档公寓的需求，如果做到了，完全可以再

维克多·沙逊

E. D. Sassoon & Co., Ltd.

(INCORPORATED UNDER THE INDIAN COMPANIES ACT. 1913)
TELEGRAPHIC ADDRESS: SASSIGRAM.
TELEPHONE 11430 P. O. BOX 602

Sassoon House,
Shanghai (0).

NOTICE

Sept. 30th 1947 1100

You are undoubtedly well aware that, for sometime past, you have been enjoying a very favourable and reasonable rental for the premises you occupy in Embankment Building. Owing to rising costs we find it absolutely necessary to raise your rental by 50% with effect from 1st October 1947, which under clause "m" of your lease we are entitled to do.

This increase of rental will bring your future payments more into line with what many of our tenants in other properties have long since been paying.

Land taxes for this year are five times more than they were in 1946 and by way of further examples we give a table showing comparison of costs between June and August of this year:—

Commodity		Rates		Increase
		June 1947	August 1947	
(1)	Index	25,300	31,100	22½%
(2)	Electricity, French 1KWH	656	1,130	72%
(3)	Electricity, Power Co., 1KWH	570	1,130	100%
(4)	Water 1 Cub. metre	420	1,250	200%

We sincerely trust that you will agree to the new rental and that you will assist us by prompt payment.

Yours faithfully,
THE MANAGEMENT
E. D. SASSOON & CO., LTD.

新沙逊洋行信笺

创造一个世界经典。于是，建筑平面采用条状设计，建筑造型依地势而顺其自然用S型，在设计师的脑海中浮现出来，接下来就是画成图样了。果然，公和洋行的建筑设计师不负厚望，很快就拿出了新大楼的设计图纸。应当说，这设计甚合沙逊的心意。特别是整幢建筑的S造型，取了Sassoon的首字母，这独具匠心的创意，让沙逊心花怒放，简直太妙了！

关于具体是公和洋行哪位建筑师承担了河滨大楼的设计，历来少有史料记载。据赖德霖主编的《近代哲匠录——中国近代重要建筑师、建筑事务所名录》一书梳理，著名华人建筑师奚福泉是参加河滨大楼设计者："1930—1931（上海）英商公和洋行建筑师，参加都城饭店（现新城饭店）、河滨大厦（7层）设计"。[14]

公和洋行设计、1929 年建成的沙逊大厦

E CATHAY"—the most
odern Hotel in China

公和洋行设计的工部局大楼

奚福泉（1902—1983），字世明，上海人，工部局华童公学毕业，1921年考入同济大学德文专修班。1922年赴德国留学，1926年获德累斯顿工业大学建筑系学士学位，并取得特许工程师证书。1927年又进入柏林高等工业大学建筑系作研究，1929年10月获工学博士学位。之后取道英国、法国、美国、日本回国，1930年至1931年在上海公和洋行从事建筑设计。正是在这一阶段，他参与了公和洋行受沙逊委托设计河滨大楼的工作。奚福泉1930年7月加入中国建筑师学会；1931年4月创办启明建筑师事务所；1935年1月脱离启明，又创办公利工程司，任建筑师和经理。此后，他又加入上海市建筑技师公会、中国营造学社、联合建筑师事务所。1950年加入中国建筑师学会，任理事长，创办奚福泉建筑师事务所。1953年至1983年间，曾任轻工业部上海轻工业设计院副总工程师，中国建筑学会第二届理事，上海市第四、五、七届人民代表大会代表。

奚福泉在上海的设计作品主要有：1933年设计福煦路福明村、白赛仲路公寓，1934年设计虹桥疗养院、兴业信托社，1936年设计浦东同乡会大厦，1935至1937年设计欧亚航空公司上海龙华站、龙华机棚厂、正始中学、时报馆、愚园路住宅、梅园别墅等，1947年设计位于复兴岛的行政院物资供应局仓库。在南京及其他城市设计作品主要有：南京中央国立博物院设计竞赛、中国国货银行、国民大会堂、国立戏剧音乐院、欧亚航空公司西安机库，以及南京、汉口、芜湖、沙市、宜昌的邮局大楼等。新中国成立后，曾设计佳木斯造纸厂、南平造纸厂、西安子午厂、芜湖造纸厂、甘谷油墨厂，援助几内亚火柴卷烟厂、阿尔巴尼亚造纸厂等。[15]

说起河滨大楼的名称，上海解放后迄今70多年来，大家耳熟能详的就是“河滨大楼”四个字。其实它最早的英文名称有三个，分别是Embankment Building、Embankment Apartments、Embankment House，中文名称

青年奚福泉

晚年奚福泉

也有河滨大厦、河滨公寓、河滨大楼三个叫法。

河滨大楼何时开始建设，何时竣工，历来众说纷纭，莫衷一是。沿袭已久的说法是多数人说1931年动工，竣工时间有人说1933年，也有人说1935年。到底哪种说法更可靠呢？虽不清楚这些说法最早出自谁人之口，但据笔者最新的考证，以上说法皆不准确，都属于以讹传讹了。

早在1930年6月1日，英文《北华星期新闻增刊》（*The North-China Sunday News Magazine Supplement*）

就刊登了一张公和洋行设计的河滨大楼整体效果图，文字说明表述为“河滨大楼：即将矗立在北苏州路的新公寓大楼”。[16]这是河滨大楼的未来完整形象第一次呈现在世人面前，之后的建造施工，即是完全按照设计图进行的，没有做过变动。

据1931年6月9日英文《大陆报》（*The China Press*）报道，河滨大楼的建设合同由新沙逊洋行与新申营造厂在1930年签订，计划建8层，到1931年6月初，已完成第5层，正在紧锣密鼓推进第6层，可望当月即能封顶。《大

1930年6月1日《北华星期新闻增刊》刊登的河滨大楼设计效果图

Work Now Complete On Five Floors Embankment House

New Residence Building Will Be Eight Stories When Finished

The Embankment House, Shanghai's largest and newest residential structure, today stands complete to the fifth story as far as steel and concrete work is concerned, with the contractors, the New Shanghai Construction Company, rushing work on the sixth floor.

The new structure, eight stories an advanced step in apartment house planning, when completed will be rated the largest structure in the city, having 6,000,000 cubical feet and a 600 foot frontage. The building, located on North Soochow Road, extending from North Honan Road to North Kiangse Road, is being built for the E. D. Sassoon Company, Ltd.

Contract Let Last Year

Early last year the contract for construction was awarded to the New Shanghai Construction Company, well-known Chinese firm of contractors in this city, and under their able direction work on the building has made sufficient progress to enable workers to touch the roof this month.

Credit for the construction of this mammoth structure goes to Mr. N. T. Loh, C.B., general manager of the contracting company. It has taken no little knowledge of building work to supervise the erection of one of the most modern architectural jobs in Shanghai. Assisting Mr. Loh is Mr. J. W. Barrow, A.R.I.B.A., engineer.

Palmer and Turner Design

Considerable recognition is given the architectural firm of Palmer & Turner, designers of the modern building, a firm responsible for a large number of Shanghai's finer buildings.

On the ground and first floors of the Embankment House there will be shop and office accommodation—approximately 86,000 square feet. The second to the seventh floors, inclusive, will provide 194

China Minister Makes Friends With Trinidad

Sees Profitable Trade Reciprocity Possible

PORT-OF-SPAIN, Trinidad, B.W. I.—A trade entente between Trinidad and China was advanced as the solution for the island's economic ills by Dr. Ping Ling, Chinese minister to Cuba, in a unofficial visit among his countrymen in Trinidad. It was the first time a Chinese diplomat ever came to these parts, and the Chinese citizens gave him a rousing reception.

"China's 450 million people can aid Trinidad in solving its cocoa and sugar problems if the spirit of good fellowship is created between the Fatherland and Trinidad," said Dr. Ping Ling at the Chinese Association Hall. "China consumes only five pounds of sugar per capita, yet we import about a million tons a year. Imagine if Chinese sugar consumption increased to 50 pounds per capita what it will mean to total world production. The Trinidad slump will be over!

Friendship Asked

"The same is true for cocoa. Chinese are getting to like Trinidad cocoa. Within the last 10 years there has been a gradual change in China's taste for cocoa. A big trade can be developed with China, if the Chinese are educated along the right line. But Trinidad must first extend the hand of fellowship."

Dr. Ling told his countrymen that China has a great future ahead, and they need not be pessimistic. He said that though his visit was

1931 年 6 月 9 日《大陆报》关于河滨大楼的报道

1932 年 12 月 12 日《申报》刊登的新申营造厂广告

陆南初

陆报》称之为“上海最大、最新的住宅建筑”，并特别提到新申营造厂总经理陆南初和他的助理工程师J. W. Barrow。[17]

新申营造厂，英文名称为New Shanghai Construction Company，由陆南初创办于1922年，总办事处位于康脑脱路（今康定路）681号，专门承造一切大小建筑、钢骨水泥工程、工场厂房以及码头、桥梁等，宗旨是“以最新建筑工程学服务社会，振兴国内建筑”。[18]

在当时的同行眼中，新申营造厂和陆南初有口皆碑。1937年2月出版的《建筑月刊》第4卷第11期作出了这样的评价："上海新申营造厂，创设有年，资力雄厚，声誉久著。经理陆南初君，主持得宜，深具干材，承造大小工程，无不躬亲督视，认真从事，故工作成绩深得建筑师及业主之满意。历年承造价额，不下数百万金，本埠较大工程，如北苏州路河滨大厦、福州路中央捕房、麦特赫司脱公寓、狄司威尔公寓、汉璧礼学校等，均由该厂承造云。"[19]

1932年1月7日《大陆报》报道称，河滨大楼将于3月完工。[20]同年1月20日，路经此地的外侨安诺德（J. Arnold）站在河南路桥上，用随身携带的照相机拍摄了一张河滨大楼照片。这时的河滨大楼，虽然尚未竣工，脚手架还没有完全拆除，但已基本成型。安诺德与其他路人一起见证了河滨大楼的成长，并且把它永久定格在这张照片中，客观上为后人留存了非常直观的考证依据。

在1932年1月28日《大陆报》报道中，提到河滨大楼是1930年年底开始动工的，计划1932年3月竣工，底楼的商铺和一楼的办公用房将于4月开放。该报道特别提到，施工过程中，尽管遇到大雨以及结冰等恶劣天气影响工期，但陆南初率领新申营造厂的工匠们克服重重困难，还是按照既定时间表完成了，成绩显著，值得肯定和赞誉。[21]

滨河大屋、亲水景观、建筑宏阔、宽敞明亮、视野开阔、交通便捷，这些都是河滨大楼的显著优点。如果每天在这样标志性的气派建筑中居住或者办公，不仅令人心旷神怡，身价也会随之倍增。因此，正在建设中的河滨大楼吸引了众多人的目光。它所处的地段、建筑造型和体量，无形中就是最好的广告。大楼还未建成，已有商行迫不及待地前来预订办公室。据1932年1月出版的《字林西报行名录》记载，从事进出口贸易的昌明行（Sino-Foreign Import & Export Co.）在此前就已预订了河滨大楼的办公室。因《字林西报行名录》每年1月和7月各出一

1932 MAJESTIC RADIO

Mex $285.00

Electric Service Corporation

Federal Inc., U.S.A.

1667 North Kiangse Road

The China Press

BUILDING · REAL · ESTATE · & · ENGINEERING

WASHABLE WALL PAINT

ECONOMY — DURABILITY — SANITATION

H. B. CAMPBELL

SHANGHAI, THURSDAY, JANUARY 7, 1932

HUGE NANKING STADIUM NOW IS COMPLETED

4 Supplementary Areas Add Beauty To Big Sports Grounds

CHINA PLACES FAITH IN GAMES

$1,250,000 Was Spent On Construction Costs Alone

Two New Additions To Shanghai's Ever-Growing Skyline

Wharf Costing Tls. 2,000,000, Half-Mile Long, Announced Here

Shanghai & Hongkew Wharf Company To Build Hongkew Wharf; Work To Be Ready In 2 Years Biggest Pier In Orient On Site Of Present

EMBANKMENT HOUSE READY END OF MARCH

Metropole Hotel To Be Opened At End Of February

Salesmen Should Inspire Trust, Architect Says

Building Profession Is Dependent On Good Materials

Air Conditioning Promises To Be Next Big Change In Building Industry; Cool Air In Summer Expected

South London Houses To Have Wireless Sets

1932 年 1 月 7 日《大陆报》

报道河滨大楼准备 3 月底完工

1932 年 1 月 20 日从河南路桥上看基本成型的河滨大楼

（J. Arnold 摄，美国国家档案馆藏）

2020 年 11 月 12 日，从河南路桥上看河滨大楼（彭晓亮摄）

1932 MAJESTIC RADIO

Mex $285.00

Electric Service Corporation

The China Press

BUILDING · REAL·ESTATE·& ENGINEERING

SHANGHAI, THURSDAY, JANUARY 28, 1932

TEXTURED WALLS
THE CORRECT BACKGROUND
for
PERIOD OR MODERN FURNITURE
H. B. CAMPBELL

3 NEW MODERN BUILDINGS IN SHANGHAI READY TO OPEN

Just Chin Chinning

By ELLES

WRITERS, groping for adequate metaphors, have too often dubbed Shanghai "New York of the Far East" without amplification of what really constitutes the parallel between this city and the American metropolis.

Industrial Building Here Gains During 1931

SLIGHT DROP IN PERMITS IS REGISTERED

Building Material Costs Show Little Change In Past Year

New Structures Soon Ready For Occupation

Apartment, Office Building, Theater Near Completion

Embankment House Apartments Ready By March, Shops, Offices Open In April, Finishing Touches Added To Ritz, China Baptist Home

Three new modern buildings, each a notable contribution to the city's architecture, are now in the last stages of completion and are to be opened to the public within a short while, it was made known yesterday.

The three buildings are the China Baptist Publication Society, located on Museum Road, and constructed for the organization bearing that name; the Ritz Theater on Haining Road, east of North Szechuen Road; and the Embankment House, Soochow Road, under construction for the Cathay Land Company.

Modernistic Theater

The Ritz Theater, designed by Architect C. H. Gonda, who is responsible for the majority of local theater designs, is constructed in modernistic style and will have the largest seating capacity of any theater in Shanghai.

WAR CLOUDS STAGNATE REALTY MART

Revival Expected In March; Mortgage Rates Up

Broker Sounds Warning Against Tax On Realty

Plight Of Chicago Is Cited As Example Of Too Great Burden; Delinquencies Forecast

Small Army Of 2,000 Work On Local Building

Home Financing Seen Advanced By Hoover Plan

N. Y. Broker Asks Repeal Of Usury Laws To Aid Building

Down Payments Of 25% Prevent Many Defaults

Carpentry Is Biggest Cost In Building Home

1932年1月28日《大陆报》报道“上海三个新式现代建筑准备开放”

News in Advertisements

The Embankment Building situated near the general post office and overlooking the river, will be ready for occupation on or about May 1, 1932.

* * *

The forty-third annual general meeting of the Shanghai Land Investment Co., Ltd., will be held at the Company's Office, 28 Jinkee Road, to-day at 4 p.m.

* * *

The Automobile Club of China notifies the members that the annual general meeting will be held at the Secretaries' Office, No. 17 The Bund (5th floor), to-day at 5.15 p.m.

* * *

Members of the Shanghai Branch of The Royal Society of St. George are reminded that the annual meeting will be held this evening at the Shanghai Club, commencing at 5.45 p.m.

1932年4月7日《字林西报》

发布河滨大楼将要开放的消息

期，故1月刊的内容为上一年的下半年的信息，7月刊的内容为当年上半年的信息。由此可知，昌明行的预定时间约在1931年下半年，应该说是非常有先见之明的。

1932年4月7日，《字林西报》（*The North-China Daily News*）发布广告消息："毗邻邮政总局、可以俯瞰苏州河景观的河滨大楼将于5月1日前后开放"。1932年7月出版的《字林西报行名录》中，第一次出现河滨大楼的记载，地址标记为北河南路北苏州路口。综上，河滨大楼是1930年年底动工开建，1932年上半年正式竣工的。

1933年1月1日出版的《北华星期新闻增刊》刊登广告消息说，米高梅影片公司驻华办事处（Metro-

Goldwyn-Mayer of China）已在河滨大楼138—141室开始办公。由这条消息可知，米高梅影片公司在1932年年底已入驻河滨大楼一楼。

河滨大厦的名称最早见诸中文报纸记载，始自1932年12月5日《申报》，在该报刊登的英商中华机器凿井公司广告中，上海众多建筑的自流泉井都是这家公司开凿的，河滨大厦赫然在列。

1933年1月1日《申报》建筑专刊上，一位署名“安”的记者发表题为《河滨大厦》的专题报道，内容如下：

河滨大厦

公和洋行设计　新申营造厂承造

河滨大厦，亦系本埠最大建筑之一，容积计共六百万立方尺。临苏州河之面，前马路约一千四百尺，为向南之最长门面，遥望歇浦，风景入画。此项新屋，设计之特殊优点，厥为内有宽阔广场，足供居户白昼停驻车辆之便。屋高八层，并建塔于其上。新屋全部用途之配置，即以底层作为开设店铺之用，第一层，辟作写字间，其他六层则悉作公寓、住宅，此外

1932年刚竣工的河滨大楼

并于俯瞰全市之塔上，另辟特别寓所两间，总计全部寓所，都至一百九十四幢。其中有六十二幢，计有起居室一间，寝室两间，浴室、厨房及储藏室俱备。其余一百三十二幢，计有起居室一间，寝室一间，浴室及厨房等概与前同。又凡此诸幢寓所，泰半附有宽敞洋台。新屋全部，均系御火建筑，并设有中央热汽装置，浴水冷热水管兼全。至于室内装修，漆饰均系最新式者。各厨房内一致安放自来火管，以供烹饪之用。载客电梯，计有八座之多，又杂用电梯一座，供房客常川服务，又较高各层楼上，各设有侍役室。更因坐落方向，正面有广约三百五十尺之空场，故虽密迩中区闹市，虽时届夏令，亦倍觉凉爽。再新屋底层，辟有设备完善之游泳池，斯亦至足称述者。该大厦由本埠公和洋行设计，陆南初君创办之新申营造厂承造云。[22]

这篇报道，把河滨大楼的地理位置、建筑体量、房型概况，以及消防、水、电、煤气、电梯、停车场等设施设备，还有极具特色的游泳池，都作了非常全面的介绍，可以说是一篇既如实又扼要的新闻稿，同时也是颇见功力、引发读者兴趣的广告词。

报道还刊登了新申营造厂总经理陆南初的照片，称之“营造专家”：“新申营造厂创办人陆南初君，江苏南翔县人，从事营造业有年。河滨大厦、狄司威路公寓等大建筑，均系君所主持营造者。最近将建之麦特赫斯脱公寓，亦由君所承造者。”

记者寥寥数语，就把承造河滨大楼的负责人陆南初介绍得清清楚楚，真是妙笔生花，宣传到位了。这样一来，河滨大楼与新申营造厂都受到了更多关注，在上海滩声名鹊起。在同一天的《申报》建筑专刊头版，也刊登了新申营造厂的大幅广告，占了半个版面，特意把河滨大楼的照片置于最显著位置，放大字号的广告词写道：“领袖群伦，精进靡已，伟大建筑物之由新申营造厂承

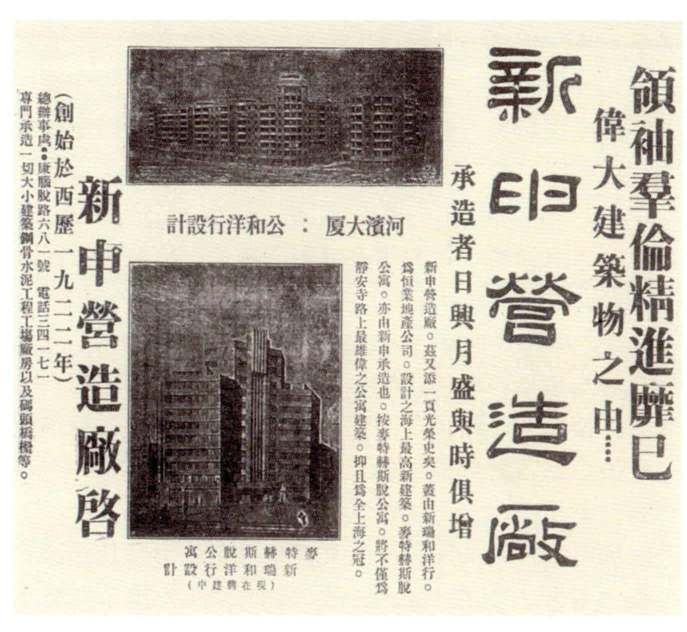

1933年1月1日《申报》建筑专刊刊登新申营造厂广告

造者，日兴月盛，与时俱增”。可以说，有了一年半建成河滨大楼的成功案例，新申营造厂的实力有目共睹，在业界更加底气十足了。

三、商住两用

建成后的河滨大楼，与之前的公和洋行设计毫无二致，共8层，钢筋混凝土结构，现代派风格，占地6916平方米，建筑总面积为39328平方米，东西总长度约160米，最大进深19米，绝对称得上“远东第一公寓”（也有称作“亚洲第一公寓”），而且创下了上海最早的水景住宅纪录，还有容积率高、通风和朝向均好等优点。“S”形状的平面在上海也是绝无仅有。河滨大楼共有11个出入口，并有7处楼梯，9部电梯，且分组设置，使各层居民可分段使用。在每个出入口的门厅地板上，都有醒目的“EB”字样，正是河滨大楼的英文名称Embankment Building的首字母。大楼的公寓房分二室套间、三室套间，每套均有卫生、厨房、储藏室及阳台等，最大的套间有180平方米，最大的房间则有30多平方米，最大的阳台也有20平方米。[23]大楼中部转角顶层还建有一座八角形的塔楼，塔楼的上下两层也可居住两户人家。大楼还有暖气设备以及深井泵、消防泵。各种设施一应俱全，随时可以拎包入住。底层庭院中挖了一个游泳池，水深2.1米，可供住户游泳健身。

从用途方面来说，河滨大楼整体定位为商住楼，底层租给商号，二层租给公司、洋行、机关作为办公用房，三层以上作为公寓出租。当年在河滨大楼里居住的绝大部分是西方人，其中以英国人、西班牙人、葡萄牙人居多，也有美国人，且多是在上海东北隅经商和供职的商人及高级职员。

1932年上半年河滨大楼竣工以后，陆续有多名外侨居住，多家公司、商行迁入办公。如前面介绍的昌明行，是入驻最早的进出口贸易公司；1932年上半年，美国《纽约时报》驻沪代表安培德（Hallett Abend）入驻办公，是最早入驻的报社代表；1932年下半年搬入的米高梅影片公司驻华办事处、联合电影公司（United Theatres, Inc.）、联利影片有限公司（Puma Films, Ltd.），是入驻最早的三家影片公司；1932年下半年搬入的日华蚕丝株式会社（Nikka Sanshi Kabushiki Kaisha, Ltd.），是入驻最早的日资企业；1932年下半年入驻的谦义公司（Khawja Commercial Agency），在一楼123—124室办公，主要经营茶叶和丝绸生意；1933年3月搬入的京沪沪杭甬铁路管理局，是入驻最早的行政机关；1933年上半年搬入的中国出版社有限公司（China

20 世纪 30 年代的河滨大楼

来河滨大楼游泳池
游泳的丽人们

北苏州路 360 号门厅

（彭晓亮摄）

北苏州路400号门厅（彭晓亮摄）

Publications, Ltd.），是最早入驻的出版机构；1933年上半年搬入，从事进出口贸易的康记公司（Kingshill Trading Co.）；1933年在楼内设立的救世军办事处，是入驻最早的慈善公益组织；还有1933年10月搬入的养生贸易公司；等等。

1933年9月24日、30日及10月1日，专门从事进出口生意的养生贸易公司在《申报》发布迁移通告，内容为："本公司自十月一日起迁移至北苏州路三八四号（即天后宫桥东河滨大厦）照常营业，电话改为四二三四〇。特此通告，诸希公鉴。"该公司主要进口新西兰、澳大利亚生产的罐头食物、新鲜果品、白塔油、牛奶、奶粉、奶酪，以及化学原料、工业原料等，出口主要是四

安培德

Abend, Hallett

Representative of "The New York Times"

901 Embankment Bldg.,
N. Soochow-rd.
Tel 43043 TA Abend

《纽约时报》驻沪代表安培德入住河滨大楼（1932年7月《字林西报行名录》）

日華蠶絲株式會社

Nikka Sanshi Kabushiki Kaisha, Ld.

Importers and Exporters of Silk, Cocoon and Silk and Cocoon Waste

Embankment Bldg,
Corner of N. Honan and N. Soochow-rds Tel 43082
PO Box 1159 TA Zuifoong

Amino, K., mgr.

日华蚕丝株式会社已在河滨大楼办公（1933年1月《字林西报行名录》）

中國出版社有限公司

China Publications, Ld.

Publishers of the "China Health Pictorial"

Embankment Bldg,
20 N. Honan-rd Tel 30402

Preston, A. M., dir.
Gande, W. J., ,,
Burgoyne, Miss E., sec.
Audouard, M., English ed.
Yeh, C. F., Chinese ed.
Liu, Geo., circulation mgr.

中国出版社有限公司在河滨大楼办公（1933年7月《字林西报行名录》）

川出产的石棉，销路颇佳，生意大好，原来设在南京路大陆商场，为扩大经营规模而搬到河滨大楼。[24]

1933年10月25日、28日、30日，有住在河滨大楼607室的外侨女教师在《申报》发布广告："兹有外国籍某女教员，经验丰富，刻愿教授儿童课程，可到学生家中授课，学费从廉，请向北苏州路河滨大厦六〇七号接洽可也。"

1933年12月20日，设于河滨大楼的救世军办事处在《申报》发布通告："兹有无名氏施与救世军籼米一批，廉价出售以赈济穷民，无论个人或机关，如愿救济穷苦者，可向本埠天潼路北江西路转角河滨大厦内救世军办事处购买此米，其价只每包洋五元（约计二百十六磅）。"

1947年3月4日、23日，设于河滨大楼的震旦机器铁工厂无限公司总管理处在《申报》发布震旦药沫灭火机、钻石牌油炉广告。

由上可知，建成之初的河滨大楼里，有欧美企业、日本企业、影片公司、机关团体、报社代表、出版机构、公益组织，来自各行各业的租户林林总总，呈现出极为热闹忙碌的景象。因此，对沙逊来说，河滨大楼已成为他的"摇钱树"了。据统计，新沙逊洋行系统的各家房地产公司租金总收入，1938年有425万元，1941年达688万元。[25]如果把新沙逊洋行的租金总数比作蓄水池的话，其中，河滨大楼就为这个蓄水池注入了不少，而且还是每年每月都源源不断的活水。

四、加高三层

上海居大不易。20世纪70年代的上海，由于人口激增，同样面临百姓居住的大难题。为解决职工居住困难，上海市第一商业局经过多方努力，并征得相关部门同意，打算在河滨大楼兴建加层工房，计划加三层。加层得到同意，是个令人无比振奋的消息。1974年11月，为采购建筑材料，上海市纺织品公司就向上海市第一商业局申请费用着手准备。[26]

经过数月努力，筹建工程的各项准备工作大体就绪，即将施工。这时，发现了一个重要问题，即河滨大楼本已属于高层建筑，原有的八层已高达30米，最高处有40米，再加三层，高度要达到50米左右。因此，没有高层塔吊，是绝不可能做到的。怎么办呢？众人四处奔走联系，历时数月也没有着落。功夫不负有心人。后

防火設備·滅火器具大本營
震旦機器鐵工廠出品
總管理處：上海北蘇州路四百號　電話四〇九八〇
上海分公司：浙江中路五九六號　電話九〇五三三
電報掛號五九三一〇六
各地分公司及經理處：杭州·無錫·南京·漢口·重慶·昆明·台北·廣州·天津·長沙·成都·青島·北京·鄭州·太原

总管理处设在河滨大楼的震旦机器铁工厂广告

1937 年从四川路桥上看河滨大楼（哈里森·福尔曼摄）

1973 年远眺河滨大楼（哈里森·福尔曼摄）

来，经上海市第一百货商店与北京市王府井百货大楼接洽，并且征得北京市计划委员会的支持，同意调拨一台50—60米的塔吊给上海。

为此，1976年6月，上海市第一百货商店、上海市第

十百货商店、上海市外轮供应公司、上海纺织品采购供应站、上海市纺织品公司五家单位共同向上海市第一商业局请示，拟派人赴北京对接具体事宜。上海市第一商业局负责人在请示中批道：“在河滨大楼加层三层，地基

河滨大楼 7 楼的指示牌

（朱梦周摄）

如何？要把原来设计图纸请设计院研究。要慎重这个地方地基下沉比其他地面严重。”[27]建筑加层、扩大居住面积固然是一大好事，但毕竟，安全才是头等大事啊！这可容不得半点含糊。当时第一商业局负责人有这样的批示，说明是头脑清醒的。没有严谨科学的研究论证，绝不敢贸然施工。

作为1956年入住的老居民，已在河滨大楼7楼居住了60多年的徐之河先生，晚年提起当年河滨大楼的加层时，仍记忆犹新：“‘文革’中有些单位在我们大楼顶上强行加

河滨大楼内的楼梯及扶手（秦战摄）

加层后的楼梯（彭晓亮摄）

在河滨大楼塔楼东眺（彭晓亮摄）

加层后的河滨大楼塔楼扶梯（彭晓亮摄）

20 世纪 80 年代初的河滨大楼，
后加的三层痕迹较明显

层，居民反对，……我家住在最高层，加层中吃尽苦头。屋顶被打得千疮百孔，并且一遇雨天，雨水漏下来积水盈尺，只得由亲人中的小伙子帮忙排水。”[28]

1978年，为充分利用基础潜力进行加层，设计单位根据当年所能找到的部分原始设计资料，进行反复研究。因考虑到大楼濒临苏州河，为防止土壤滑坡，原计划加建两层居住用房和一个高为3.1米的管道隔层。后来为解决上海用地紧张的问题，多建一层可增加5000平方米的建筑面积，决定撤销管道隔层，改为加建三层，新增建筑面积达14748平方米。

加建三层，对于基础承载来说，压力较大，安全风险也随之增大，于是施工过程中，尽可能对新增三层的墙体重量作了最大限度地削减。比如外包墙用空心砖，每户之间的分隔墙用粉煤灰砌块，一户内部的分间，用

在河滨大楼楼顶东眺（彭晓亮摄）

双面板条墙等，以减轻墙体总重量。加建三层每层分隔为96组，共288组，每组均配有独用的厨房、浴室、厕所。考虑到走廊和住房的采光通风问题，加层设了48个内天井，以方便分配和使用。

这一加层工程，是当年上海所有的旧房挖潜接楼加层项目中规模最大的一个，可以说创下了当时最高纪录。工程于1978年9月完工，土建工程单方造价102.57元。竣工两年后，有关部门进行检查，除发现河南北路转角处墙面有局部轻微裂缝外，其余未发现明显变形之处。[29]

河滨大楼加建三层以后，总建筑面积超过5.4万平方米，可入住700户，约2000人。当时，有关单位参建了这一加层项目。据《上海海关志》记载，上海海关就曾参建其中2套住房作为宿舍，面积一共155平方米。[30]

河滨大楼的加层，是在当时上海市城市居民住房矛盾甚为突出的大背景下，向存量住房挖潜力的办法，叫作“旧房挖潜”。根据城市发展规划许可，对一部分结构尚坚固、承载力强、设备齐全的旧式公寓、大楼、新式里弄、新工房进行加层。据统计，从20世纪60年代到1980年年底，总共加层了58万平方米，其中净增房源70%—80%，解决了一部分人居住困难的问题，如河滨大楼工程加层就净增房源1万余平方米。[31]

当年的旧建筑物增层改造工程，并不限于上海，在全国多个城市都全面铺开。1993年，时任全国房屋增层改造技术研究委员会会长、北方交通大学教授唐业清曾撰《我国旧建筑物增层纠偏技术的新进展》一文进行梳理。其中，就把河滨大楼的加层作为一个范例，他指出“上海北苏州路河滨大楼，由8层增至11层，建筑面积由39328m^2增至54076m^2，净增面积达38%，是全国最大面积的增层工程。”[32]

1982年，中央新闻纪录电影制片厂摄制专题片《愿得广厦千万间》，专门拍摄了河滨大楼在楼顶加建三层，解决了280户住房需求的故事。该片反映了当时上海住房极度紧张问题，记录了用加层形式增加居住面积来缓解住房紧张的方式。

20世纪80年代初，苏州河上的航运船只穿梭往来，络绎不绝，汽笛轰鸣，噪声每天困扰着苏州河两岸的人们。河滨大楼的六百多户居民日常生活受到严重影响，不堪其扰，终于到了忍无可忍的地步，他们联名向市里反映噪声污染问题。与此同时，有部分市人大代表提出呼吁，就连新华社内参也发表了此项消息。1982年5月，

河滨大楼内局促陈旧的
共用空间（朱梦周摄）

上海市环境保护局致函上海市机电一局，请在声屏障研究方面已有成熟经验的上海机电设计研究院安排科研试验，提出治理方案，调研测试费用由环保局承担。[33]

据1998年5月至12月上海市房产经济学会通过发问卷、上门访问、开居民座谈会等方式所做的调查报告："虹口区河滨大楼（公寓，为优秀近代建筑保护单位，是本市最大公寓建筑），该楼共十一层，其中一至八层，原为两间一套和三间一套两种，采光充足，设备齐全，居住舒适。该楼以后拆套使用，居住条件日益下降，现在煤卫独用的仅占23.7%。居民虽有面积不足等困难，但一般不愿离开，最大愿望是改善居住现状，其中提出希望增加卫生设备的占33%，增加厨房的占22.1%。"[34]

注释

1, 陈祖恩：《东和洋行：上海最早的日本旅馆》，上海市虹口区档案馆编：《往事·城市文化会客厅专刊》，2020 年第 1 期。
2, 《东瀛画师》，《申报》广告，1888 年 11 月 16 日至 20 日。
3, 《申报》广告，1894 年 6 月 20 日至 26 日，7 月 2 日，8 月 31 日，9 月 3 日、5 日。
4, 陈祖恩：《东和洋行：上海最早的日本旅馆》，上海市虹口区档案馆编：《往事·城市文化会客厅专刊》，2020 年第 1 期。
5, 《收买旧书字画》，《申报》广告，1916 年 2 月 6 日至 12 日。
6, 陈祖恩：《东和洋行：上海最早的日本旅馆》，上海市虹口区档案馆编：《往事·城市文化会客厅专刊》，2020 年第 1 期。
7, 《日顾问调查监狱及看守所》，《申报》1922 年 2 月 7 日。
8, 陈祖恩：《东和洋行：上海最早的日本旅馆》，上海市虹口区档案馆编：《往事·城市文化会客厅专刊》，2020 年第 1 期。
9, 徐润：《徐愚斋自叙年谱》，1927 年香山徐氏校印本。
10, 徐铸成：《哈同外传》，生活·读书·新知三联书店 2018 年版。
11, 上海市参议会为送工二字第一号决议案请预决算委员会请查核办函，1947 年 1 月 20 日，上海市档案馆藏档 Q109-1-665。
12, 张仲礼、陈曾年：《新沙逊洋行的创立和发展概况——沙逊集团研究之一》，《上海经济研究》1984 年第 1 期；徐葆润：《旧上海大房地产商——新沙逊集团》，《上海房地》1997 年第 10 期。
13, 娄承浩：《河滨大楼》，《住宅科技》2003 年第 3 期。
14, 赖德霖主编：《近代哲匠录——中国近代重要建筑师、建筑事务所名录》，中国水利水电出版社、知识产权出版社 2006 年版。
15, 赖德霖主编：《近代哲匠录——中国近代重要建筑师、建筑事务所名录》，中国水利水电出版社、知识产权出版社 2006 年版。
16, "Embankment House", the New Block of Flats to be Erected on North Soochow Road, *The North-China Sunday News Magazine Supplement*, June 1, 1930.
17, "Work Now Complete On Five Floors Embankment House", *The China Press*, June 9, 1931.
18, 《新申营造厂》，《申报》广告，1932 年 12 月 12 日。
19, 《新申营造厂业务发达》，《建筑月刊》第 4 卷第 11 期，1937 年 2 月。
20, "Embankment House Ready End of March", *The China Press*, January 7, 1932.
21, "3 New Modern Buildings in Shanghai Ready to Open", *The China Press*, January 28, 1932.
22, 安：《河滨大厦》，《申报》1933 年 1 月 1 日。
23, 娄承浩：《河滨大楼》，《住宅科技》2003 年第 3 期。
24, 《养生贸易公司迁移》，《申报》1933 年 10 月 3 日。
25, 徐葆润：《旧上海大房地产商——新沙逊集团》，《上海房地》1997 年第 10 期。
26, 上海市纺织品公司致上海市第一商业局"为建造河滨大楼工房采购建筑材料请拨福利基金五万元的报告"，1974 年 11 月，上海市档案馆藏档

注释

B123-8-1151。

27, 上海市档案馆藏档 B123-8-1693。

28, 徐之河：《百岁回眸：变迁与求索》，上海社会科学院出版社 2016 年版。

29, 《上海河滨大楼加层工程简介》，《房产住宅科技动态》1981 年第 4 期。

30, 《上海海关志》编委会编:《上海海关志》, 上海社会科学院出版社 1997 年版。

31, 《上海市千方百计利用旧房挖潜解决居住困难》，《房产住宅科技动态》1981 年第 4 期。

32, 唐业清:《我国旧建筑物增层纠偏技术的新进展》,《建筑结构》1993 年第 6 期。

33, 上海市档案馆藏档 B323-1-77-33。

34, 《旧住房居住状况和改善意愿调查综合报告》，《上海房地》1999 年第 3 期。

EMBANKMENT BUILDING

河　滨　大　楼

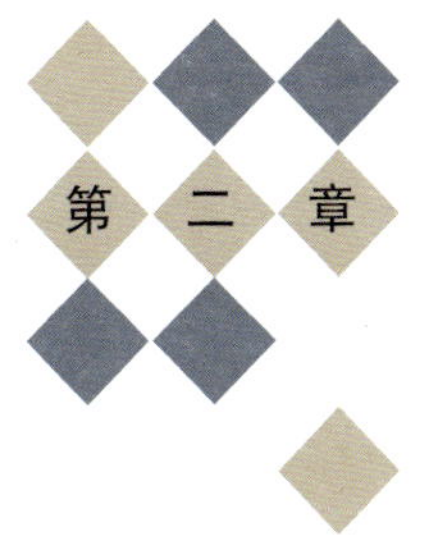

第二章 外侨与河滨大楼

一、寓居河滨大楼的外侨

20世纪30年代曾在河滨大楼居住的外侨中，有一位美国籍犹太人伊赛克（H. R. Isaacs），中文名为伊罗生（1910—1986）。伊罗生1910年生于纽约曼哈顿一个地产商家庭，是立陶宛犹太裔移民后代。1929年，19岁的伊罗生自哥伦比亚大学毕业，1930年就与刚订婚的未婚妻匆匆而别，来到上海，先在《大美晚报》工作，后到《大陆报》，此时与陈翰笙、史沫特莱以及南非共产党创始人之一的格拉斯等结识，后来从大陆报社辞职，与格拉斯溯长江而上。他回到上海后，在宋庆龄、史沫特莱、格拉斯帮助下，1932年起在上海编辑左翼刊物《中国论坛》（1932年1月15日创刊，1934年1月13日停刊）。《中国论坛》才出3期，"一·二八"淞沪战争爆发，刊物就被公共租界工部局查禁，两个月后才复刊。1933年，伊罗生任中国民权保障同盟上海分会执行委员。他还出版了中国现代作品诗集《草鞋脚》，并约请鲁迅、茅盾编选。

伊罗生在上海的寓所，是租住河滨大楼204室。据1933年7月5日《鲁迅日记》记载："晚，伊君来邀至其寓

1933年2月17日，伊罗生（右三）与宋庆龄、蔡元培、鲁迅、萧伯纳、史沫特莱、林语堂在上海合影

夜饭，同席六人。”这是鲁迅第一次到河滨大楼，考虑到安全问题，所以伊罗生还给他画了一张地形示意图。

1933年9月30日，世界反对帝国主义战争委员会远东会议在上海大连湾路（今大连路）秘密召开，鲁迅是名誉主席之一，但因故并未与会。据1933年9月5日《鲁迅日记》记载，当晚，鲁迅在河滨大楼伊罗生寓所与法国代表、共产党员、作家瓦扬·古久里进行晤谈，并请古久里在《饥饿与面包》德译本书上签名留念。时任中共江苏省委宣传部部长的冯雪峰后来回忆道：“鲁迅没有出席公开欢迎外国代表的聚会，但会见了瓦扬·古久里，地点是在北四川路天潼路伊赛克的寓所。”[1]

据1983年曾在美国与晚年伊罗生结识的董乐山考证，伊罗生的父母曾环游世界，把他的未婚妻从美国送

鲁迅

到上海，让两人在河滨大楼成婚。[2]笔者查阅英文《大陆报》，发现1934年2月20日有一则消息，提到伊罗生的父母五个星期前从纽约到上海看望儿子，准备回美国。由此可知，伊罗生父母到上海的时间应该是1934年1月15日左右，而《中国评论》是1月13日停刊的。伊罗生夫妇应该就是在这五个星期里在河滨大楼结婚的，大致时间是1月15日以后到2月20日之前，并且伊罗生与妻子决定接受父母资助，去北平待一段时间。据1934年3月25日《鲁迅日记》记载，在伊罗生离开上海前夕，鲁迅特设家宴，“招知味观来寓治馔，为伊君夫妇饯行，同席共十人”。[3]在这之后，伊罗生夫妇应该就从河滨大楼退租，离开上海，去了北平短暂停留，又取道巴黎、伦敦，然后回到纽约。

二、犹太难民接待站

全面抗战期间，1938年，大批欧洲犹太难民死里逃生，纷纷涌入上海避难，身为犹太人后裔的维克多·沙逊无偿将大楼部分房间让出，作为上海犹太难民接待站。

1939年1月15日，来自欧洲的犹太难民抵沪，有240

The Readers' Forum

"Dishonest"

To the Editor:

There is an art in being editorially witty without being dishonest—and there is evidently nothing artistic about your editorializing.

Your editorial note concerning me in your issue of yesterday was unpleasantly dishonest in its implications. By making no reference whatever to the contents of my article you leave a wholly false impression which can be corrected only by a reading of the article itself. There is quite obviously no point in going into the subject here because I have had ample opportunity to observe that your paper is more interested in publishing the chaotic propaganda from Nanking or the toothsome paragraphs of Eugene Chen. The observations and analyses of an outside observer you refused to publish for reasons quite justly and indubitably your own.

To your readers I add that if they are interested in pursuing the matter further the best way is to pick up a copy of the latest Forum and find out what is going on in Fukien. They certainly will never find out if they depend on your columns alone.

Yours faithfully,
HAROLD R. ISAACS.

Shanghai, December 28, 1933.

伊罗生在《大陆报》发表的文章

人暂住河滨大楼。1939年1月17日，《申报》转译英文《大陆报》消息称："上周杪复有德国犹太移民两批到达上海，首批四十四人，由日本某货轮自大连载来，于星期六（十四日）晚抵埠。第二批人数较多，搭意邮轮维多利亚号，昨（十五日）晨抵沪，共计二百四十人，内有孩童两名，此辈新到移民均暂住河滨大厦。……包括新到者在内，今在上海之犹太移民，将达一千八百人。……昨日抵沪者，大半来自柏林与维也纳，且大多数衣衫都丽，携带大量行李，多为店主、职员与商人等。”[4]

1939年1月23日《申报》报道：“由欧洲陆续来沪之犹太难民，先后共一千七百四十名，对于彼等之居住问题，迄今尚不能解决。至最近抵沪之一批，计二百四十名，刻犹居住在河滨大厦。兹悉关于犹太难民之居住问题，经欧洲救济协会之努力，在华德路工部局华德路小学，暂作为该犹太难民之收容所，近正加以修葺，规定每房居住二十五人，且用双叠床铺，厨房、地板均加整理，尤注意于彼辈之卫生设备。闻该小学内，可收容至一千二百人。”[5]

据学者汤亚汀研究，1939年，国际救济欧洲难民委员会曾发起一个难民牛奶基金，为筹集捐款，于11月29日在河滨大楼的难民临时救济中心举办了一场音乐会及综艺演出，该演出的节目单曾在《以色列传讯报》（*Israeli Messenger*）刊登。[6]该资料反映了欧洲犹太难民在河滨大楼内的活动，是犹太人在遭逢危难之际，上海这座城市包括河滨大楼敞开胸怀予以容纳、救助的一个佐证。这时的河滨大楼，对于漂泊无依的犹太难民而言，说是安全又温暖的避风港，似不为过。相信那些历经远洋跋涉，曾经在河滨大楼里临时居住的犹太难民们，会有刻骨铭心的上海记忆、河滨大楼记忆。

1940年7月，上海公共租界工部局修订办法，规定准备领取进入公共租界许可证的欧洲犹太难民，需要通过设在河滨大楼177室的救济旅沪欧洲犹太籍难民委员会代向工部局巡捕房申请。[7]

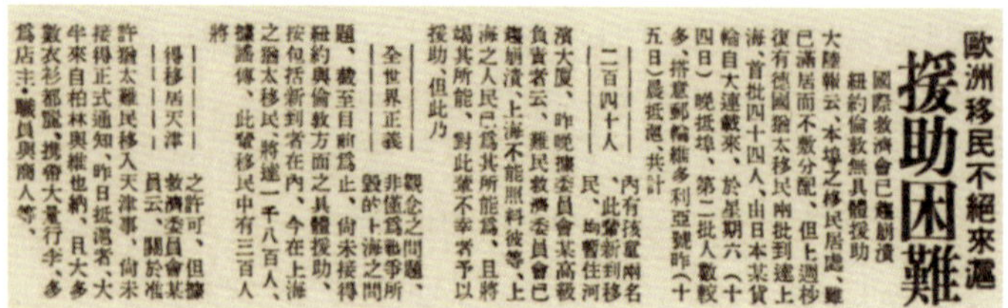

歐洲移民不絕來滬

援助困難

國際救濟會已瀕崩潰
紐約倫敦無具體援助

大陸報云、本埠之移民居處、難已滿居而不敷分配、但上週移復有德國猶太移民兩批到達上海、首批四十四人、由日本某貨輪自大連載來、於星期六（十四日）晚抵埠、第二批人數較多、搭意郵輪康多利亞號昨（十五日）晨抵滬、共計

——二百四十人——

內有孩童兩名、此皆新到移民、均暫住河濱大廈、昨晚據委員會某高級負責者云、難民救濟委員會已瀕崩潰、上海不能照料彼等、上海之人民已爲其所能爲、且將竭其所能、對此輩不幸者予以援助、但此乃

——全世界正義——

觀念之問題、非僅爲戰爭所毀的上海之問題、截至目前爲止、尚未接得紐約與倫敦方面之具體援助、按包括新到者在內、今在上海之猶太移民、將達一千八百人、據謠傳、此輩移民中有三百人將

——得移居天津——

之許可、但據救濟委員會某員云、關於准許猶太難民移入天津事、尚未接得正式通知、昨日抵滬者、大半來自柏林與維也納、且大多數衣衫都襤、攜帶大量行李、多爲店主、職員與商人等、

1939 年 1 月 17 日《申报》报道“欧洲移民不绝来沪”

河滨大楼中的外侨

三、日军占领时期

全面抗战期间，有不少日本人开设的商行和律师事务所等入驻河滨大楼。1939年12月，拥有“陆海军大臣指定辩护士、前众议院议员、日本辩护士协会理事、前汉口军特务部顾问”等众多头衔的律师三上英雄在《申报》发布执行律师事务通告，定名为三上法律事务所，设在河滨大楼121—122室，主要承办日本人与其他国家人民之间的一切民事、刑事诉讼及非诉讼事件。[8]

1941年12月太平洋战争爆发后，新沙逊洋行由日本实行军事管理，由上海恒产公司具体经营。作为新沙逊洋行资产之一的河滨大楼，自然也摆脱不了日本人的控制。

太平洋战争爆发后，三上英雄的业务开始迅猛增加。比如1942年3月，担任祥庆纱号叶士良的常年法律顾问[9]；1942年10月，担任日伪上海特别市修卖出租脚踏车业同业公会暨所属会员一百四十家车行常年法律顾问[10]；1942年11月，担任杨庆和发记银楼席云生的常年法律顾问[11]；1943年3月，担任立成经租处、祥庆号叶士良、茂孚号虞再岳、福茂和记烟行沈瑞芳的常年法律顾问[12]；1943年4月，担任农家商店谢钰山、万丰新烟行朱坤生、万泰烟行王仲谋、东山俞坞村陆庆甫、大康药厂高阳山人杨笑云的常年法律顾问[13]；1943年6月，与华人律师姚希琛共同担任冯梅庭、陈友三的法律顾问[14]；同月，又担任了实生橡胶厂经理顾方千、一德工业社经理顾炳瑞的常年法律顾问[15]；1944年8月，担任了厚仁铁工厂及李厚仁、李震的常年法律顾问[16]。

由以上《申报》通告可知，1939年12月开始在河滨大楼执行律师事务的三上英雄，在太平洋战争爆发前，未见有一项业务。而从1942年3月起，到1944年8月，两年多时间里，该日本律师竟然承接了如此众多的法律顾问业务，并且客户都是中国商号、工厂、商人和同业组织。由此也可以看出，日本侵略者在太平洋战争爆发后对上海的经济攫夺和社会控制，真是到了敲骨吸髓的地步。

据《申报》记载，有一家开设于河滨大楼130室的三泽洋行，1944年4月13日在《申报》发布招聘数名外埠女医师、看护士、见习生的广告。还有日本人在河滨大楼26室开设的青山事务所，1944年12月在《申报》发布招聘女职员的广告。[17]除此之外，还有不少日本人住进了河滨大楼。可见，在日军占领时期，河滨大楼成了他们全部掌控、恣意横行的地盘。

太平洋战争爆发后，日本侵略者在上海为所欲为，日伪电影也大行其道。河滨大楼一度成为日本侵略者控制的公寓，1943年曾有一家日伪成立的电影公司入驻。据1943年5月30日、6月4日《申报》记载，设于河滨大楼138室的中华电影联合股份有限公司，就在《申报》刊登过招考巡回放映部电影宣传工作人员的广告。

这个“中华电影联合股份有限公司”是何来头呢？据上海图书馆“全国报刊索引”项目组研究，20世纪30年代末起，由于中国观众抵制日本电影，日寇决定利用电影界的汉奸出面，推行日伪电影。1939年6月，曾名噪一时的软性电影代表人物刘呐鸥、穆时英、黄天始等人公开投敌，成立“中华电影股份有限公司”，以垄断华中、华南沦陷区的电影发行、放映业务。上海孤岛被日军占领后，“华影”利用电影胶片供应中断、南洋航运受阻和各私营影片公司由于经济困难无法继续拍片的机会，先以资金和胶片供应各公司，然后进一步加以收买。1942年，新华、艺华、国华、金星等十二家公司合并，从此，上海电影业沦为日本侵略者的附庸。

1943年5月，日寇为加强对电影业的控制，又指使汪伪政权发布《电影事业统筹办法》，把“中联”“中华”及上海影院公司（日本人接管的英美影院公司）三家合并，组成“中华电影联合股份有限公司”，实现所谓的制片、发行、放映“三位一体的电影国策”，从此，汪伪政府“辖区”内的电影事业就被“华影”垄断。此时“华影”董事长是汪伪政府宣传部部长林柏生，陈公博、周佛海等担任理事，但实际操纵“华影”的是副董事长川喜多长政。1944年5月，该日伪电影公司还编印了一份刊物，叫作《中华电影联合股份有限公司一周年纪念特刊》。该刊是汪伪政权下的上海电影界刊物，由“中华电影联合股份有限公司”负责编辑并发行。[18]

注释

1，凌月麟：《鲁迅在上海活动场所调查之三：河滨大楼》，《社会科学》1979年第3期。
2，董乐山：《记伊罗生》，《博览群书》1996年第5期。
3，《河滨大楼204室》，周国伟、柳尚彭著：《寻访鲁迅在上海的足迹》，上海书店出版社2003年版。
4，《申报》1939年1月17日。
5，《申报》1939年1月23日。
6，汤亚汀：《上海巴格达犹太社群的音乐视域——〈以色列传讯报〉(1938—1941)初步研究》，《音乐艺术》2018年第3期。
7，《欧洲难民可住租界，须向租界当局领入境许可证》，《申报》1940年7月16日。
8，《勋四等辩护士三上英雄律师执行律务通告》，《申报》1939年12月16日。
9，《三上英雄律师受任祥庆纱号叶士良常年法律顾问通告》，《申报》1942年3月18日。
10，《三上英雄大律师受任上海特别市修卖出租脚踏车业同业公会暨所属会员一百四十家车行常年法律顾问通告》，《申报》1942年10月22日。
11，《三上英雄律师受任杨庆和发记银楼席云生君常年法律顾问通告》，《申报》1942年11月14日。
12，《三上英雄大律师受任立成经租处、祥庆号叶士良君、茂孚号虞再岳君、福茂和记烟行沈瑞芳君常年法律顾问通告》，《申报》1943年3月24日。
13，《三上英雄大律师受任农家商店谢钰山君、万丰新烟行朱坤生君、万泰烟行王仲谋君、东山俞坞村陆庆甫君常年法律顾问通告》，《申报》1943年4月5日；《三上英雄律师受任大康药厂高阳山人杨笑云常年法律顾问并代紧要启事》，《申报》1943年4月6日。
14，《三上英雄律师、姚希琛律师受任冯梅庭、陈友三法律顾问通告》，《申报》1943年6月23日。
15，《三上英雄大律师受任实生橡胶厂经理顾方千君常年法律顾问通告》《三上英雄大律师受任一德工业社经理顾炳瑞君常年法律顾问通告》，《申报》1943年6月25日。
16，《三上英雄大律师受任厚仁铁工厂兼李厚仁、李震两君常年法律顾问通告》，《申报》1944年8月21日。
17，《招请女子事务员》，《申报》1944年12月9日。
18，《中华电影联合股份有限公司一周年纪念特刊》背景简介，上海图书馆“全国报刊索引”数据库资料。

EMBANKMENT BUILDING

河　滨　大　楼

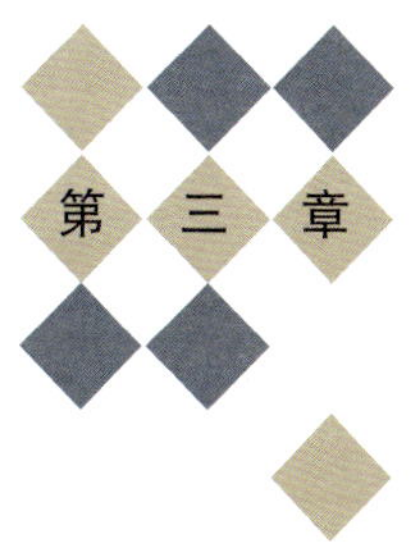

民国时期机构、团体与河滨大楼

一、京沪沪杭甬铁路管理局入驻

1932年12月，黄伯樵就任京沪沪杭甬铁路管理局局长。鉴于“一·二八”淞沪抗战期间，位于上海北站的办公楼被日军炸毁后，创巨痛深，该局被迫迁移，多番辗转，四处赁屋办公，散居各处，不仅联系不便，而且不敷使用，因此黄伯樵打算租一所大房子集中办公。经请示铁道部部长顾孟余允准后，该局便四处觅屋，后来与新沙逊洋行谈妥租价，把河滨大楼的底层与一层全部租下来办公使用，每年租金4.8万两。

当时在京沪沪杭甬铁路管理局工作，后来成为名作家的秦瘦鸥1942年回忆道：“这年冬天，黄伯樵先生到任，认为各部分分散得这样远，一些没有联络，工作上委实很不便，于是另外在北苏州路（天妃宫桥东首）的河滨大厦里，借了几十间屋子，爽快把各部分聚到了一起来，这样才使‘肢解’了一年多的两路管理局渐渐重复旧观。”[1]

1933年2月8日《申报》报道中，记者对此事作了透露：“两路管理局址自一二八沪战迁入四川路六号后，旋于去年六月间复迁至靶子路二四〇号，以接近车站较为便利。但自黄伯樵长局后，因鉴所属各处均不在同一地点，如会计处在圆明园路，工务处在新民路，机务处在靶子路口等，传递公文每多浪费时间，极为不便，因此特觅定北苏州路天后宫桥附近河滨大厦二楼全部，作为局址，各处除车务处及医院外，一律迁入，车务处及医院则迁至现在局址。此举定三月间实行。”[2]

对于京沪沪杭甬铁路管理局搬迁河滨大楼前后的动态，《申报》记者给予了持续关注。如2月27日报道《两路管理局将迁址》：“京沪沪杭甬两路管理局迁至靶子路后，奈因地址不敷办公，以致车务处、工程处等均不能毗连处，经局务会议决定，于四月一日起迁移至河南路北堍河滨大厦办公。”[3]3月15日报道了具体的搬迁安排：“老靶子路之管理局，自决定迁移至北河南路河滨大厦后，现已决定自明日起开始迁移，先迁工务处，总务处定十八日起，机务处十九日起，会计处、材料处在本月底以前，亦可迁移完竣。”[4]3月17日发布报道《两路管理局局所迁移》：“京沪沪杭甬铁路管理局总务、工务、机务三处，自三月二十日起，迁在北苏州路江西路桥河南路桥间河滨大厦办公，电话总机四〇〇四〇号，除车务处与驻路警察署，因工作多在车站，为求指挥接洽之便利，仍在北站办公外，其余会计处、材料处及铁道部特派驻路总稽核室，则以新屋内部装修关系，须于本月底一并迁入河滨大厦云。”[5]3月21日报道《路局昨迁新址办公》：“京沪沪杭甬铁路管理局，前为靶子路局址狭小，不敷办公，且所属各处并不集中，因之颇感不便，当即另觅地址，租定北苏州路河南路口河滨大厦二楼为新局址。上星期六、日，该局即乘休假之期，先将总务、工务、机务三处一并迁入，昨日星期一起，即在新址开始办公。其他材料、会计两处，则因新屋装修未竣，须待本星期日迁移。”[6]

由《申报》报道可知，京沪沪杭甬铁路管理局经

路局昨遷新址辦公

車務處遷移尚在請示中

京滬滬杭甬鐵路管理局、前以杷子路局址狹小、不敷辦公、且所屬各處、並不集中、因之頗感不便、當即另覓地址、租定北蘇州路河南路口河濱大厦二樓為新局址、上星期六日、該局即乘休假之期、先將總務・工務・機務・三處、一併遷入、昨日星期一起、即在新址開始辦公、其他材料、會計兩處、則因新屋裝修未竣、須待本星期日遷移、現所遺之杷子路舊局址昨已雇工略加修理、即將醫務處遷入、作爲鐵路醫院、至車務處、則因北站奉令留緩遷移、擬將焚餘之屋、略加改建、備作該處辦公之用、但現尚在請示中、故未能决定云、

1933 年 3 月 20 日，京沪沪杭甬铁路管理局迁至河滨大楼办公（1933 年 3 月 21 日《申报》）

过前期充分筹备，并且加快装修进度，利用周末进行搬迁，1933年3月20日起，总务处、工务处、机务处已在河滨大楼开始办公，其效率可见一斑。于是，河滨大楼第一次迎来了政府机关的入驻，而且还是地位重要的铁路管理局。铁道部所属的京沪沪杭甬铁路管理局入驻河滨大楼办公，在中国交通运输史上是一件值得关注的事。若不是日军侵略，怎会如此损失惨重，又大费周折呢？

说到力主把铁路管理局机关迁到河滨大楼集中办公的黄伯樵，他是何许人也？黄伯樵生于1890年，江苏太仓人，少年时父母双亡。他早年毕业于上海同济医工专门学校电工机械科，是该校第一届优等毕业生。1920年留学柏林工科大学，学习工业管理。回国后，1922年10月至1924年12月任中华职业学校校长。1924年任交通部路政司总务科科长，1925年任陇海铁路汴洛工程局总务

处处长，1926年任汉口市政委员会委员兼工务局局长，后返沪任交通部电讯人员传习所所长。1927年任杭州市工务局局长。1927年7月上海特别市政府成立，任首任公用局局长，1930年7月改称上海市公用局局长。在此期间，1928年10月曾被任命为杭州市市长，但未到任。1932年12月由铁道部部长顾孟余委任为京沪沪杭甬铁路管理局局长，直至1937年八一三淞沪抗战结束，其间，于1936年任中国工程师学会会长。工科出身的黄伯樵非常善于精细化科学管理，以简化手续、划一标准、提高效率为原则，被称为把科学管理方法引入中国行政机关的开创者。

1937年年底至1941年年底，黄伯樵在香港九龙养病期间，曾与工程界、经济及金融界爱国人士组织中国经济建设协会，任总干事，从事规划战后经济建设的纲领。太平洋战争爆发后，于1942年10月回沪，主持编译《德华标准大字典》。1945年抗日战争胜利后，曾任军事委员会委员长驻沪代表公署秘书长、行政院院长临时驻沪办事处副主任等职，并任上海市政府顾问，帮助上海市政府接管上海公用事业。1946年2月，又担任中国纺织机器制造公司总经理。1948年2月在上海病逝。[7]

1933年3月，京沪沪杭甬铁路管理局迁入河滨大楼办公后，面对付出的高额房租，不少人心存疑惑，是不是过于兴师动众、劳民伤财了？面对诸多质疑，局方为消除大家心中的疑云，专门在内刊发表长文《本局为何迁入河滨大厦》予以解释说明，还制作了租金比较表，一目了然。

该文指出，在当时的上海，从办公用房租赁单价来说，已属便宜，并且双方在租赁契约中规定，租满两年后，仍可以同等租金，续租一年或两年。该局又商得新沙逊洋行同意，按照该局设计方案进行装修，装修费也属划算。局方认为，与分散四处相比，“现在迁并河滨大厦，布置完备，圭气充足。员司精神上感觉愉快，即工

黄伯樵

◻本局在河濱大廈◻（一）

本局遷居河濱大廈，迭接同人來函，希將各部份房間及電話號數在日刊發布，以便洽事接洽。當以有若干部份尚有變動，不克即行照辦。茲御動已定，用將局長室秘書室及總務處等各部份先行刊布。其餘陸續發表。

（一）局長室秘書室總務處等全部在一樓。門口B在北蘇州路三七〇號。

（二）事務課在底層。門口在北蘇州路三五六號。

（三）產業課在底層。D門口在北蘇州路四一〇號。

（四）電話總機四〇〇四〇號

部份		房間號數	電話分機號數
局長室		166—7	16
副局長室			15
秘書室		157	22
總務處	處長室	165	19
	監印室		20
	文書課	143—46 153—65	2 13
	人事課	158－160	21
	事務課	361	17 18
	產業課	410	23
會議室		168	24
會客室		156	
圖書室		142	

京沪沪杭甬铁路管理局迁入河滨大楼后的办公室分布

（《京沪沪杭甬铁路日刊》第736号，1933年8月2日）

作自可奋发。”“故今租河滨大厦，虽于房租支出不免有相当之增加，然同时于工作效率亦有相当之提高，时间损失更有相当之减少。”[8]

迁入河滨大楼后，该局局长室、副局长室、秘书室、总稽核室、机务处，总务处处长室、监印室、文书课、人事课，以及会议室、会客室、图书室，皆在一楼；总务处事务课、产业课在底楼；工务处工程课在底楼，其他课在一楼；材料处在底楼；会计处则在底楼、一楼皆有。

初搬入河滨大楼的京沪沪杭甬铁路管理局备受各界关注，有小报记者道听途说，在报上编了一条消息，说按照双方租约，京沪沪杭甬铁路管理局人员不得使用河滨大楼里的电梯。鉴于这种混淆视听的谰言，该局负责编辑内刊的同人特地在《京沪沪杭甬铁路日刊》上刊登了一条说明《河滨大厦之升降机》：“本局租赁河滨大厦契约第一条规定：‘该大厦设备之扶梯穿堂及升降机，承租人及其人员得与其他租户共同使用。’”[9]

1933年9月，京沪沪杭甬铁路管理局把被日军炮火炸毁的上海北站局所残存的建筑局部作了简单修复，让车务处回去办公，局机关仍在河滨大楼办公。那么，该局机关在河滨大楼办公时，作为普通职员的秦瘦鸥，是什么感觉呢？在他看来，除了房租很贵之外，更多的是感到不便，甚至觉得是遭到了歧视：“但全局的其他各部分，仍在北苏州路河滨大厦租着屋子办公，不但租金非常的贵，而且因为河滨大厦的房东是英商沙逊洋行，那几个管理员动不动摆出一副英商面孔来，干涉铁路局的布置，什么地方不可开门，什么地方才能停放汽车，那几架电梯只有高级职员可以用，那几间厕所铁路职员不准进去……简直多方为难，使我们深深地感到寄人篱下的痛苦。”[10]

秦瘦鸥还把会计处的账簿也兜了底，从1932年2月开始租屋算起，到1933年年底的房租开支，精确到小数点

入驻河滨大楼的京沪沪杭甬铁路管理局（《京沪沪杭甬铁路日刊》第 695 号，1933 年 6 月 15 日）

秦瘦鸥新婚照（《上海画报》第 469 期，1929 年 5 月 21 日）

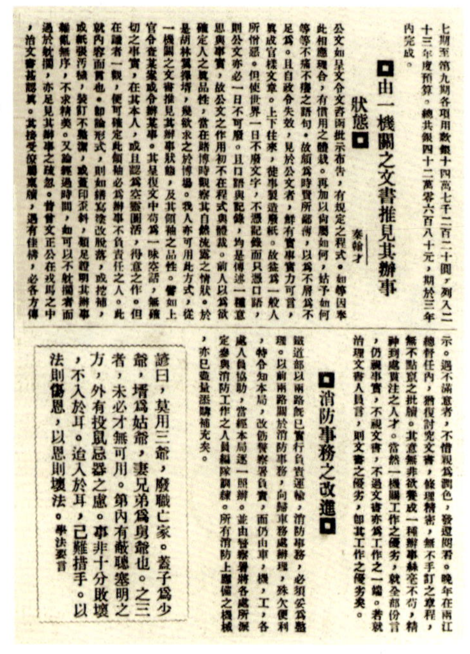

七期至第九期各項用數銀十四萬七千二百二十圓，列入二十三年度預算。總共銀四十二萬零六百八十元，期於三年內完成。

由一機關之文書推見其辦事狀態

秦翰才

公文如呈文令文咨函批示布告，有規定之程式。如尊因奉此相應理合，有慣用之體裁。再加以尚屬如何，姑予如何等等不痛不癢之語句。故頗爲時賢所鄙薄，以爲不屑爲不足爲。且自政令失效，見於公文者，鮮有實事實力可言，寖成官樣文章。上下往來，徒事製造廢紙。故益爲一般人所憎惡。但使世界一日不廢文字，不憑記錄而只憑口語，則公文亦必一日不可廢。且口語與記錄，均是傳遞一種意思與事實，故公文之作用初不在程式與體裁。前人以爲欲確定人之眞品性，當在賭博時觀察其自然流露之情狀。於是胡林翼擇壻，幾欲求之於博場。我人亦可用此方式，從一機關之文書推見其辦事狀態，及其領袖之品性。譬如上官令查某案或令辦某事。其呈復文中苟爲一味空話，無鐵切之事實，在其本人，或且認爲空靈圓活，得意之作。但在識者一觀，便可確定此領袖必爲辦事不負責任之人。此就內容而言也。如論形式，則如繕寫塗改脫落，或挖補，或紙張污穢，裝訂不整齊，或蓋印歪斜，類足證明其辦事雜亂無序，不求精美。又論經過時間，如可以不躭擱者而過於躭擱，亦足見其辦事之疏忽。昔曾文正公在戎馬之中，治文書甚認真。其接受僚屬稟牘，遇有佳構，必各方傳示。遇不滿意者，不惜親爲潤色，發還閱看。晚年在兩江總督任內，猶復討究文書，條理精密，無不手訂之章程，無不點竄之批牘。其意無非欲養成一種辦事絲毫不苟，精神到處貫注之人才。當然一機關工作之優劣，就全部份言，仍視事實，不視文書，不過文書亦爲工作之一端。若就治理文書人員言，則文書之優劣，即其工作之優劣矣。

消防事務之改進

鐵道部以兩路既已實行負責運輸，消防事務，必須妥爲整理。以前兩路關於消防事務，向歸車務處辦理，殊欠便利，特令知本局，改由警察署負責，而仍由車，機，工，各處人員協助，當經本局遵一照辦。並由警察署將各處所派定參與消防工作之人員編隊訓練。所有消防上應備之機械，亦已盡量添購補充矣。

諺曰，莫用三爺，廢職亡家。蓋子爲少爺，壻爲姑爺，妻兄弟爲舅爺也。之三者，未必才無可用。第內有蔽聰塞明之方，外有投鼠忌器之慮。事非十分敗壞，不入於耳。迨入於耳，已難措手。以法則傷恩，以恩則壞法。學法要言

秦翰才《由一机关之文书推见其办事状态》（《京沪沪杭甬铁路日刊》第687号，1933年6月6日）

后两位：1932年是48437.23元，1933年是64877.30元，总数超过11.3万了。并且预计到新沙逊洋行每年都会涨房租，开支会逐年大幅猛增，他说：“这笔款子不但很大，并且化去以后并无下文，即使在河滨大厦住上十年，沙逊洋行也决不会大发善心，对路局说：‘好了，你已经付我这许多租钱，房子就送给了你吧！’”[11]秦瘦鸥的记述，确实反映了该局上上下下的共识，至少是说出了大家的心声。一个堂而皇之的政府铁路机关，却在自己的国家寄人篱下，给外国人做房客，这滋味肯定不好受，何况还有令人咂舌的高额房租。

为什么秦瘦鸥对底细这么了解呢，连房租账目都一清二楚？笔者为探其究竟，找到了两份《京沪沪杭甬铁路职员录》，一份是1932年年底编，一份是1935年6月编，但信息是截至1934年年底。从两份详细的职员录

中，发现了秦瘦鸥的踪迹。原来，他本名秦思沛，1908年生，江苏嘉定（今属上海市）人，毕业于上海澄衷中学，1926年6月进入两路管理局，先在总务处任课员，后来调到会计处文牍课做课员，又回到总务处，任文书课编查股课员。他当时在二十五六岁的年纪，这样的岗位经历，正是在该局搬到河滨大楼办公初期，难怪他对房租账簿了如指掌。后来，秦瘦鸥写出了号称“民国第一言情小说”的长篇《秋海棠》，1941—1942年在《申报》连载，很快被改编为话剧，创下了连演150场的纪录，沪剧、越剧、评弹，历演不衰，书籍也出过多个版本，并被拍成电影，红极一时。20世纪50年代，书又重印，电影重拍，到1985年还拍成了电视剧，2007年又有新版，跨越六七十年，长盛不衰。想不到，这位曾在河滨大楼整日埋头文牍的两路管理局小职员，竟成了“鸳鸯蝴蝶派”代表之一，成为名闻天下的大作家。

无独有偶，职员录中还有一位秦姓职员，叫作秦翰才，1895年生，上海人，原是上海市公用局秘书科科长，是由局长黄伯樵聘到两路管理局的。他1933年1月进入两路管理局后，任秘书室秘书，主要负责文书档案管理工作。秦翰才才华横溢，也很是敬业，工作之余笔耕不辍，1935年出版《开心集》，1941年出版《文书写作谈》，1942年出版《档案科学管理法》，把从事多年的本职文书档案管理工作，作了极为系统科学规范的梳理，成为文书档案管理的典范，为当时许多机关提高行政效率作出了不小贡献，至今仍被档案学界广为研究。1956年，秦翰才被聘为上海市文史研究馆馆员，他的左宗棠史料搜集及历史人物年谱收集宏富，被传为佳话，著述颇丰。秦翰才在河滨大楼兢兢业业，皓首穷经沉浸于整理文书档案的身影，不由令人肃然起敬。

在河滨大楼办公期间，京沪沪杭甬铁路管理局发生了不少迎来送往和人事更迭。据1933年9月21日《申报》报道，中英银公司董事部主席梅尔思（S. F. Mayers）为调查在华投资的各条铁路情况而到上海。因京沪铁路与沪杭甬铁路都是向中英银公司借款建设的，所以黄伯樵和副局长吴绍曾于19日晚间举行欢迎“债主”的宴会。这次宴会很是隆重，两人经过反复斟酌，请了中英银公司驻华代表台维生、蒲素白，京沪路议员钟文耀、德斯福、毕斯格士，铁道部顾问康德黎，前两路督办黄翊昌，还有沪上金融界领袖张嘉璈、钱新之、徐新六、唐宝书、温透等作陪。黄伯樵在致欢迎词时，特别提到在河滨大楼的房租问题：“吾们现在办公房屋，租的是河滨大厦，每月要担负将近六千元租金，当然很不经济。吾们如能自己造一所，可以省得多，但是须得先筹一笔数十万元建筑费。”梅尔思在考察结束回到上海之后，于11月2日上午特地前往河滨大楼参观了京沪沪杭甬管理局的办公场所，当天下午又去上海北站参观。[12]

1933 年 11 月 2 日，黄伯樵、吴绍曾陪同梅尔思等参观上海北站合影

吴绍曾

梅尔思

1934年2月21日《申报》报道："京沪沪杭甬车务处长郑宝照奉铁道部令，升调北宁铁路局副局长，遗缺以总局秘书萧卫国充任，同时车务处副处长兼业务课长谢文龙，奉铁道部令，调任杭江铁路局，遗缺以车务处副处长袁绍昌充任，至于袁缺，以运输课长王志刚兼任，均已准定今日上午十时办理移交接收事宜，正午十二时，在河滨大厦总局摄影以留纪念。局长黄伯樵、副局长吴绍曾，定今日下午十二时三十分设宴饯行。"[13]1936年5月16日，该局副局长吴绍曾调任津浦路管理局副局长，新任副局长何墨林至河滨大楼就职视事。1936年7月9日，铁道部参事张慰慈到河滨大楼京沪沪杭甬铁路管理局视察。

1935年12月23日，在河滨大楼办公的京沪沪杭甬铁路管理局发生了一件抢劫案，震惊一时。原来，23日是该局发工资的日子。当天下午2点30分，该局会计处出纳课职员徐聚金带着现金4200余元，到工务处发放当月工资，走到狭长的三楼走廊时，突然冲出两个人，一个穿长衫，一个短打扮，两人手持短刀，禁止徐聚金出声，把他拖到门外，用绳子绑住他的脖颈和手脚，把装有现金的皮包抢到手后，迅速逃跑了。等到徐聚金拼命挣脱绳索追到楼下的时候，两名抢劫犯已杳无踪迹。惊魂未定的徐聚金赶紧报告该局，当即向就近的狄思威路巡捕房报案，请从速通缉。[14]

当天，接到报案的狄思威路巡捕房巡捕迅速行动，四处侦查。晚上9点多，其中一名犯人因成功抢到巨款，又顺利逃脱，顿时得意忘形，去了俗称"石路"的福建路大衣店，花50元买了一件新大衣。附近的巡捕见其形迹可疑，对他进行盘问并搜身，竟发现身藏赃款3900多元，还有凶器短刀，立即抓回巡捕房审问。这名被抓获的抢劫犯是海门人，名叫陆景文，是远东清洁所的清洁夫。24日晨，犯人被押送第一特区地方法院，由该院推事姜树滋提审后，下令暂押，等抓获共犯再审。[15]从下

河滨大楼内幽暗的走廊（秦战摄）

河滨大楼内的走廊拐角（秦战摄）

午2点半案发到晚上9点多破案，只用了6个多小时，确实算是神速了。26日，有一家通讯社发布消息，称巡捕房已抓获两名抢劫犯，并说法院已作判决，甚至言之凿凿地说持刀的罪犯判六年徒刑，拿绳子捆绑的罪犯判三年。27日的《申报》对此作了澄清，驳斥了瞎说八道误导公众的假消息。[16]

时光荏苒，京沪沪杭甬铁路管理局在河滨大楼办公，一待就是三年多。那么，每天在河滨大楼办公的该局职员有何体验和感触呢？1936年3月的《京沪沪杭甬铁路日刊》上，刊登了署名"水市"的该局职员所写《河滨杂感》一文。他忿忿不平地写道："迁入河滨大厦已三载矣，日对此污浊如墨之苏州河，令人不能无感；而感之最深者，莫如本局所付与房主之每年租金七万四千余元。统计三年以来，本利合算，已达二十五万元左右，此非细数也；而际此百业凋敝，路收锐减之候，尤感不胜负担之苦。"[17]在河滨大楼里上班，每天面对的苏州河"污浊如墨"，表达出他对当时生态环境最直观的印象与感触。冰冻三尺非一日之寒，可知苏州河的污染问题由来已久。而在河滨大楼租赁办公整整三年，已付给新沙逊洋行的高额房租，比起苏州河的污浊来更令他心痛。他对上海北站局所毁于1932年"一·二八"日军炮火而悲痛不已，"如北站局所不毁者，至少已可省却二十万元之无谓损失。兴念及此，益觉创巨痛深，悲愤不能自已"。[18]他还就在河滨大楼的吃饭问题谈了自己的看法。当时的现状是，河滨大楼内一个小包饭作的午饭虽价廉却质劣，且不卫生，对此他大吐苦水，而出外午餐又较贵，进退维谷，陷于两难境地。他热切盼望将来该局新办公楼建成后，"以最适宜之价格，供给同人以最清洁、最简单之午膳"。[19]这也充分反映出一个基本事实，食堂伙食质量和价钱对于职业群体的重要性，在任何时候都是值得重视的。

1936年9月，由著名建筑师董大酉设计的京沪沪杭

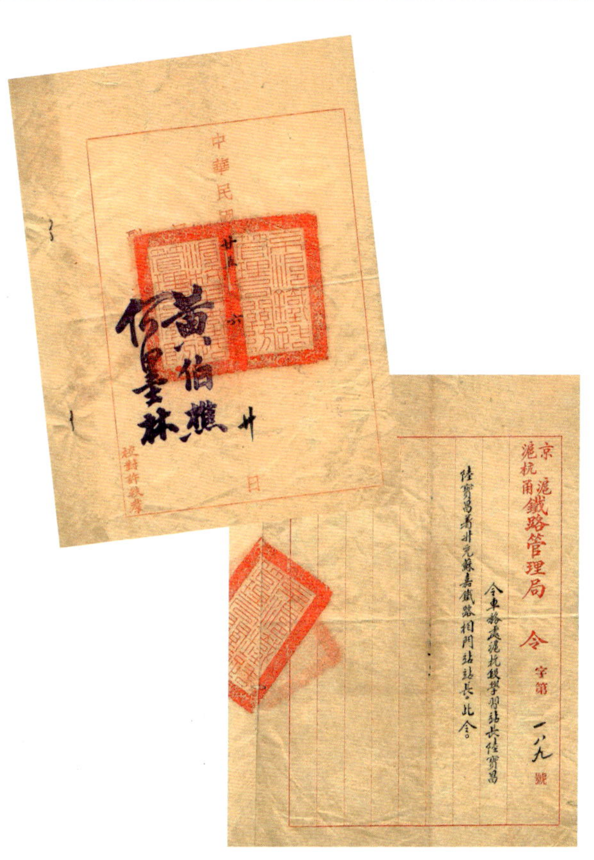

京滬滬杭甬鐵路管理局 令 字第一八九號

令車務處滬杭段學習站長陸寶昌

陸寶昌着升充蘇嘉鐵路相門站站長。此令。

黄伯樵

何墨林

在河滨大楼办公的京沪沪杭甬铁
路管理局公函（1936 年 6 月）

甬铁路管理局10层新厦在北站界路（今天目东路）落成，9月26日起各部门陆续从河滨大楼迁往新大厦，“本局自二十六日起，将河滨大厦各处课分别迁入新局所办公”。[20]从1933年3月起，在河滨大楼办公三年半的光阴，成了该局管理层和众多职员们难以忘怀的记忆。

CAPITOL

1945 年抗战胜利之初，从百老汇大厦拍摄的苏州河、河滨大楼、邮政大厦

二、联合国机构

1945年抗战胜利后，联合国曾先后有10个分支机构设在上海。其中，联合国善后救济总署中国分署、联合国驻沪办事处、联合国国际难民组织远东局三个机构，都曾在河滨大楼办公。因此，河滨大楼留下了联合国机

1945 年航拍的河滨大楼局部

构的历史印迹。

（一）

联合国善后救济总署（UNRRA）中国分署

联合国善后救济总署中国分署，简称联总。据1946年2月10日《申报》报道，联合国善后救济总署原与行政

1946 年乘坐泛美航空抵沪的联总职员

院善后救济总署一起在日本三井株式会社旧址办公，已决定于2月中旬迁往河滨大楼办公。

1946年2月17日，联合国（驻华）善后救济总署在《申报》发布通告，已迁至河滨大楼办公，上海分署仍在福州路120号原址办公。

1946年4月12日，于2月下旬到中国视察善后救济工作的联合国善后救济总署署长代表摩尼，在河滨大楼召开记者招待会，由中国区署长凯泽陪同回答记者提问。

联总曾于1946年占用河滨大楼4楼，后租用2楼201—204室办公。1948年3月11日，联合国善后救济总署上海办事处结束，不少工作人员被解雇，多数曾在原上海公共租界工部局服务。

在河滨大楼办公的联总中国分署之一

UNRRA Takes 4 Floors Of Embankment

Hopes of scores of Embankment Building residents, who were shifted to the building's seventh floor, to re-occupy their former apartments have been dealt a blow by the announcement that the first four floors will be occupied by UNRRA staff members, it was learned yesterday.

The news is being disagreeably accepted by the tenants who had hoped to regain their flats which they had given up at the U.S. Army Relief Mission's request two or three months ago. At that time, it was made clear to the tenants by the American authorities that the measure was a temporary one and they would be able to repossess their flats in time.

Although several apartments at present are occupied by camp internees, there already are many vacant flats. The internees having been asked to find their own quarters, there is little doubt that the entire building, excepting the seventh and ground floors, will soon be vacant.

According to information received, residents are determined to repossess their former flats, and have already approached their landlord in the matter.

1946 年联总占据河滨大楼 4 楼的报道

（二）

联合国驻沪办事处

据《上海外事志》记载，联合国驻沪办事处，亦称联合国远东新闻局，1947年6月13日成立，办公地点设于河滨大楼二楼212室，主任颜人杰，副主任朱宝贤，1947年11月迁至黄浦路106号原日本驻沪领事馆大楼。这一机构直属联合国总部，工作主要面向中国、泰国、菲律宾三个联合国会员国，内分总部、秘书、新闻、图书参考等部门，职员数定额为12—15人，主要负责发布联合国消息，提供联合国各种活动资料，负责人为朱宝贤。[21]

1947年7月8日《申报》曾报道，联合国驻沪办事处设于河滨大楼212室。

颜人杰原任联合国秘书处情报部执行秘书，1947年5月被派回中国负责筹备联合国上海办事处，任筹备处主任。同年6月联合国上海办事处正式成立，任处长。

朱宝贤曾任国民政府立法院宪法起草委员会专员、国际劳工会议中国代表团顾问。全面抗战时期曾担任中国驻瑞士大使馆新闻专员。抗战胜利后，朱宝贤作为国民政府外交部专家，参与联合国创建活动，曾参加联合国筹备委员会、联合国第一次代表大会、巴黎和会及国际联盟结束大会，被聘为联合国临时雇员，任联合国秘书处中文组组长。

（三）

联合国国际难民组织远东局

据《上海外事志》记载，联合国国际难民组织远东局于1947年7月设立，初设河滨大楼226室，后迁黄浦路106号，内分总务、会计、人事、保养、统计报告等处，首任局长王人麟。参加会员国共有17个，经费由各国分摊，工作对象是国际间在第二次世界大战期间流离失所

上海市长吴国桢与联总新署长克利夫兰握手，右二为卸任署长艾格顿

在河滨大楼办公的联总中国分署之二

中国驻联合国首席代表蒋廷黻（左）与联合国驻沪办事处主任朱宝贤合影

联合国驻沪机构负责人合影，前排右二起：朱宝贤、陆赓纳森、陈国廉、王人麟、程海峰

的难民。[22]当时，联合国国际难民组织远东局直属日内瓦联合国总部，专门负责办理行政院善后救济总署、联合国善后救济总署结束后未了之遣送侨民工作。

据1947年5月18日《申报》报道，联合国远东办事处筹备处拟暂时在河滨大楼租赁办公。1947年7月23日《申报》报道，联合国国际难民组织远东局局长王人麟已就任，暂借河滨大楼226室办公。

王人麟是江苏泰州人，早年自复旦大学毕业后赴美国留学，获芝加哥大学经济学硕士学位，长期担任国际劳工组织局远东局局长，1949年去台湾。

三、上海市轮渡公司

上海官办轮渡由来已久，始自1911年年初。当时，浦东塘工善后局为便利办公，打算租赁小轮船往返浦江东西两岸，附载旅客，酌收费用。经禀准上海县和道台衙门立案，于1911年1月5日开航，成为最早的官办轮渡。1927年上海特别市成立，轮渡先归市政府浦东办事处暂管，继由市公用局和财政局会同接办，成立浦东轮渡管理处。1928年，财政局将原管的营业部分一并移交公用局，改称浦东轮渡管理处。1930年改为轮渡总管理处。1931年8月，上海市兴业信托社成立，接办了轮渡业务，称为上海市轮渡管理处，设在浦东庆宁寺，是租用庙地自建的办公室和宿舍，管理层则在天津路上海市兴业信托社内办公。1937年八一三淞沪会战爆发，上海官办市轮渡遭日军攫夺。日伪政府成立“上海特别市轮渡公司”，设在轮船招商局3楼，由日本人经营管理。

1945年9月抗日战争胜利后，国民党上海市政府公用局于14日派接收委员董浩云、周启新、张益恭、郑鉴初前往接收日伪上海特别市轮渡公司，命其造册移交。1945年10月15日，上海市轮渡公司筹备处成立，办公地址最初仍设于轮船招商局3楼。之后适逢上海出现严重的房荒，轮船招商局自身办公面积不敷，多次督促搬离，一方面不得不搬，另一方面确实一屋难觅，上海市轮渡公司筹备处陷入了两难境地。

经多次协商，轮船招商局同意把位于苏州河畔的河滨大楼底层大统间让给上海市轮渡公司筹备处租用。几经周折，市轮渡公司筹备处终于有了新的办公场所，于是抓紧进行装修，把大统间分割成多间办公室，于1946年4月装修完竣后，除业务科已在北京路外滩办公之外，上海市轮渡公司筹备处整体迁至北苏州路434号河滨大楼底层办公。

1946年11月，上海市轮渡公司筹备处开始面向社会招股，委托交通银行代办，很快募集到商股资金10亿元，加上官股资金5亿元，资本总额15亿元。1946年12月，在为《上海市轮渡公司成立纪念特辑》所作的序中，时任上海市公用局局长赵曾珏写道："浦东与浦西，一江之隔，同隶一市，而繁荣程度相去悬殊。浦西阛阓栉比，车马喧阗，呈拥塞之象，而浦东则市廛冷落，地区空旷，乏利用之方。推厥原因，实由黄浦江为之天然障碍。黄浦江一方为上海市交通之大动脉，而同时又为浦东西平均发展之障碍。我人欲尽浦江之长而补其短，惟有尽量发展轮渡事业，使两岸打成一片。"[23]在抗战胜利之初，赵曾珏就提出了浦西浦东均衡发展的命题，应当说是颇有眼界和见地的。在当时的历史条件下，为使浦江两岸交通便利，促进浦东的发展，轮渡事业就显得尤为重要。

赵曾珏（1901—2001），字真觉，上海人。1924年毕业于交通部南洋大学，经交通部以实习工程师派赴英国三年，后赴德国实习。1928年赴美国哈佛大学留学，专攻电机工程，1929年毕业，获硕士学位。回国后曾任国立浙江大学教授兼浙江省广播无线电台台长，浙江省电话局局长兼总工程师。1937年全面抗战爆发后，被交通部派为电政第3区特派员兼任浙江省电话局局长。1943

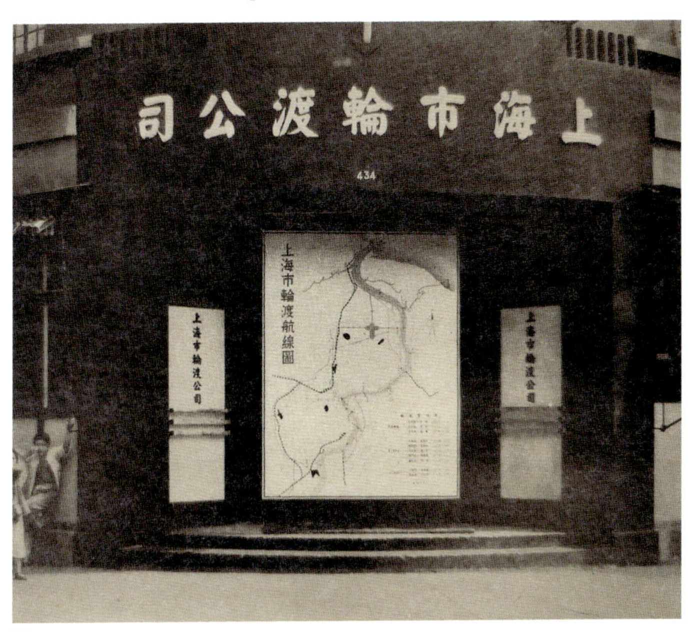

1946 年 4 月开始在北苏州路 434
号河滨大楼办公的上海市轮渡公司

年6月任交通部邮电司首任司长。1945年5月任交通部参事，同年6月任上海市公用局局长。1947年2月兼任上海市轮渡公司常务董事。1949年3月赴美国考察，留居美国，从事电子研究，1957年起在美国哥伦比亚大学河畔电子研究所任资深研究员，直至1966年退休。

1947年2月15日，上海市轮渡股份有限公司召开成立大会，官股董事6人，有赵曾珏、宣铁吾、赵祖康、王冠青、道贤模、包玉刚，官股监察人3人，有闵湘帆、钱乃信、颜惠庆；商股董事13人，有赵棣华、刘鸿生、杜月笙、陈静民、王志莘、张惠康、潘公展、朱文德、伍克家、庄叔豪、徐国懋、瞿钺、陆根泉，商股监察人4人，有钱新之、徐寄庼、王艮仲、屈用中。以上共计

上海市公用局局长兼上海市轮渡公司常务董事赵曾珏

上海市轮渡公司董事长杜月笙

上海市轮渡公司总经理张惠康

董事19人，监察人7人。这份名单汇集了上海政界、金融界、实业界诸多大佬，可谓阵势强大，实力雄厚。其中，杜月笙当选董事长，赵棣华为副董事长，张惠康为常务董事兼总经理，赵曾珏、道贤模、徐国懋、陈静民

上海市轮渡“高桥—上海”轮渡票

为常务董事。上海市轮渡公司正式成立后，总部仍在河滨大楼办公。

1949年上海解放前夕，国民党军队撤退时，轮渡码头和渡轮悉数遭到破坏，5月18日市轮渡全部航线停航。1949年5月27日，上海解放。5月28日，上海市军事管制委员会派军代表王一民等38人进驻位于河滨大楼的上海市轮渡公司。12月28日，军管会正式宣布接管上海市轮渡公司。

1950年6月10日，上海市人民政府工商局颁发给上海市轮渡公司的登记证上，正式名称为“上海市人民政府公用局上海市轮渡公司”，经营性质为公私合营，主要经营轮渡，次要经营高桥交通车、水上饭店、沪通、沪崇远程航线业务。这时，轮渡公司的总经理为赵履清，副总经理为宋耐行、王一民。

1953年，上海市轮渡公司搬离河滨大楼，迁至外滩中山东一路18号原麦加利银行大楼3楼办公。若从1946年

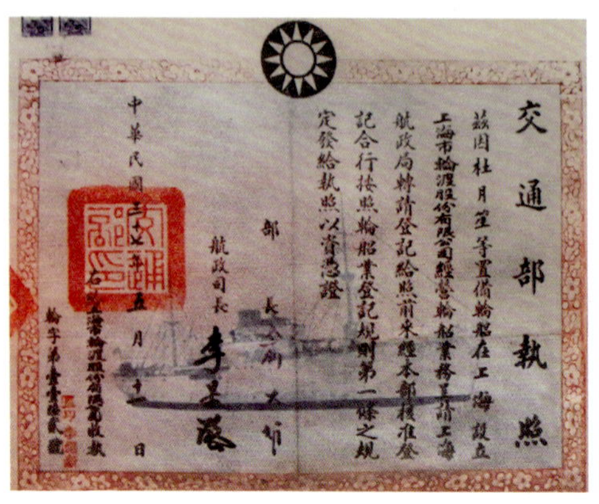

交通部執照

茲因杜月笙等置備輪船在上海設立上海市輪渡股份有限公司經營輪船業務呈請上海航政局轉請登記給照前來經本部核准登記合行按照輪船業登記規則第二條之規定發給執照以資憑證

部長 俞大維

航政司長 李景潞

中華民國三十七年五月十日

上海市輪渡股份有限公司收執

1948 年 5 月交通部颁给上海市轮渡公司的执照

上海市人民政府工商局登記證

據趙祖康等申請工商登記前來查核相符合行發給登記證其主要登記事項如左

名稱 上海市人民政府公用局上海市輪渡公司

業別 商業

經營性質 公私合營

經營業務

組織方式 公司

資本額 人民幣拾伍億元

主持人姓名 趙祖康

所在地 北蘇州路四三四號

創設日期 一九四七年二月十五日

其他事項

局長 許滌新

局長 蔡北華 楊延修

給上海市輪渡公司收執

六月十日

1950 年上海市轮渡公司工商登记证

4月上海市轮渡公司筹备处迁入河滨大楼算起，上海市轮渡公司在河滨大楼总共待了7年。非常巧合的是，上海市轮渡公司先后作为总部的河滨大楼与麦加利银行大楼，都是由公和洋行设计的，终是有缘。

注释

1、秦瘦鸥：《一再毁于炮火的两路管理局》（上），又名《京沪沪杭甬铁路的回忆》，《荷芬兰馨室随笔卷之二》（廿九），《政汇报》1942 年 6 月 11 日。
2、《申报》1933 年 2 月 8 日。
3、《两路管理局将迁址》，《申报》1933 年 2 月 27 日。
4、《申报》1933 年 3 月 15 日。
5、《两路管理局局所迁移》，《申报》1933 年 3 月 17 日。
6、《路局昨迁新址办公》，《申报》1933 年 3 月 21 日。
7、秦瀚才：《黄伯樵先生之一生》，《市政评论》第 10 卷第 3 期（黄伯樵先生纪念特辑），1948 年 3 月 15 日出版。
8、《本局为何迁入河滨大厦》，《京沪沪杭甬铁路日刊》第 711 号，1933 年 7 月 4 日。
9、《河滨大厦之升降机》，《京沪沪杭甬铁路日刊》第 725 号，1933 年 7 月 20 日。
10、秦瘦鸥：《一再毁于炮火的两路管理局》（中），又名《京沪沪杭甬铁路的回忆》，《荷芬兰馨室随笔卷之二》（三十），《政汇报》1942 年 6 月 12 日。
11、秦瘦鸥：《一再毁于炮火的两路管理局》（中），又名《京沪沪杭甬铁路的回忆》，《荷芬兰馨室随笔卷之二》（三十），《政汇报》1942 年 6 月 12 日。
12、《中英银公司梅尔思参观两路管理局》，《申报》1933 年 11 月 5 日。
13、《申报》1934 年 2 月 21 日。
14、《盗劫路局巨款，计四千二百余元》，《申报》1935 年 12 月 24 日。
15、《路局被劫巨款，拘获盗匪一人》，《申报》1935 年 12 月 25 日。
16、《路局被劫案仅获盗匪一人，一盗在逃未获，昨日并未判决》，《申报》1935 年 12 月 27 日。
17、水市：《河滨杂感》，《京沪沪杭甬铁路日刊》第 1537 号，1936 年 3 月 19 日。
18、水市：《河滨杂感》，《京沪沪杭甬铁路日刊》第 1537 号，1936 年 3 月 19 日。
19、水市：《河滨杂感》（续），《京沪沪杭甬铁路日刊》第 1544 号，1936 年 3 月 27 日。
20、《京沪沪杭甬铁路日刊》第 1702 号，1936 年 9 月 29 日。
21、"联合国驻沪机构"，《上海外事志》，上海社会科学院出版社 1999 年版。
22、"联合国驻沪机构"，《上海外事志》，上海社会科学院出版社 1999 年版。
23、赵曾珏：《上海市轮渡公司成立纪念特辑》序，1946 年 12 月。

EMBANKMENT BUILDING

河　滨　大　楼

第四章 英美电影公司荟萃

上海在世界电影发展史上有着重要而独特的地位，吸引了众多英美影片公司的关注，先后入驻河滨大楼的就有10家，可以说极一时之盛。

河滨大楼建成之初，1932年下半年，米高梅影片公司驻华办事处（Metro-Goldwyn-Mayer of China）、联合电影公司（United Theatres, Inc.）、联利影片有限公司（Puma Films, Ltd.）就已入驻办公。这三家入驻最早的影片公司，后两家的信息收录在1933年1月出版的《字林西报行名录》，米高梅则在1933年7月出版的该行名录中才出现。华纳、孔雀、环球、雷电华、哥伦比亚、联美等影片公司的上海分公司，以及美国电影协会中国分会都先后设在河滨大楼。抗战胜利后，英国鹰狮分公司也入驻此楼。

一、米高梅影片公司驻华办事处

1933年1月1日出版的《北华星期新闻增刊》（*The North-China Sunday News*）刊登广告消息说，米高梅影片公司驻华办事处已在河滨大楼138—141室开始办公。由该消息可知，米高梅影片公司在1932年年底已入驻河

米高梅影片公司电影《乱世佳人》海报

米高梅影片公司电影《水莲公主》广告

News in Advertisements

Mr. John Featherstone Owen has been appointed a director of the Jardine Engineering Corp., Ltd.

* * *

Mr. Ivor Emerson Roberts, A. C. A. has been admitted as a partner in the firm of Thomson & Co., Chartered Accountants.

* * *

The offices of Metro-Goldwyn-Mayer of China are now located in Rooms 138-141 Embankment House, Soochow Road.

* * *

Motor-car owners are reminded that private motor vehicle licences for the first half-year expired on December 31, 1932.

* * *

The Band of the 1st Battalion. The East Lancashire Regiment will play in the enclosure of the Shanghai Race Club at the New Year Races to-morrow.

米高梅影片公司驻华办事处已在河滨大楼138—141室开始办公（1933年1月1日《北华星期新闻增刊》）

滨大楼一楼。据《字林西报行名录》记载，此前的米高梅办公地址在南京路55号，直至1933年7月版《字林西报行名录》开始，其地址才更改为河滨大楼，此后一直持续到1941年7月版。

二、联合电影公司

据1933年1月、7月版《字林西报行名录》记载，1932年下半年，联合电影公司开始在河滨大楼办公。

United Theatres

Office: Embankment Bldg., N. Soochow-rd Tel 44020

Butler, R. F., mgr.

Controlling—

Carlton, 2 Park-rd. (Tel 33641)

Cathay, 868 Av. Joffre (Tel 73757)

Isis, N., Szechuen-rd. (cor. of Jukong-rd. (Tel 46721)

Paris, 550 Av. Joffre (Tel 83110)

Ritz, Haining-rd. (Tel 42113)

联合电影公司已在河滨大楼办公

（1933年1月《字林西报行名录》）

三、联利影片有限公司

据1933年1月至1935年1月版《字林西报行名录》记载，1932—1935年，联利影片有限公司在北苏州路384号河滨大楼办公。

四、华纳第一国家影片公司

据1935年1月至1938年7月《字林西报行名录》记载，1934年下半年，华纳第一国家影片公司（Warner Bros. First National Pictures, Inc.）入驻北苏州路400号河滨大楼135—137室，1936年下半年迁至109—112室，1938年搬离河滨大楼，迁至博物院路142号。

聯利影片有限公司
Puma Films, Ld.
Motion Picture Distributors
Embankment Building,
384 N. Soochow-rd
Tel 44020 PO Box 325
TA Lyric
Lo Kan
Butler, R. K.
Klyhn, L.

联利影片公司已在河滨大楼办公（1933年1月《字林西报行名录》）

华纳影片公司电影《天伦乐》广告

五、孔雀电影公司

据1935年1月至1939年7月《字林西报行名录》记载，1934年下半年至1939年，孔雀电影公司（Peacock Motion Picture Co., Inc.）在北苏州路404号河滨大楼办公。

环球影片公司驻华总经理潘茂芝（B. W. Palmertz）

环球影片公司电影《巴黎尤物》海报

环球影片公司1941年发行的《葛璐丽琪安特刊》（上海图书馆藏）

六、环球影片公司

据1937年7月至1941年7月版《字林西报行名录》，1937年至1941年，环球影片公司（Universal Pictures Corp. of China）在北苏州路400号河滨大楼136室办公。

设在河滨大楼的环球影片公司

七、雷电华影片公司

据1938年7月至1941年7月版《字林西报行名录》记载，1938—1941年，雷电华影片公司（RKO-Radio Pictures of China, Inc.）在北苏州路404号河滨大楼办公。

八、哥伦比亚影片公司

据1940年7月至1941年7月版《字林西报行名录》记载，1940—1941年，哥伦比亚影片公司（Columbia Films of China, Ltd.）在北苏州路340号河滨大楼办公，系由博物院路142号迁来。

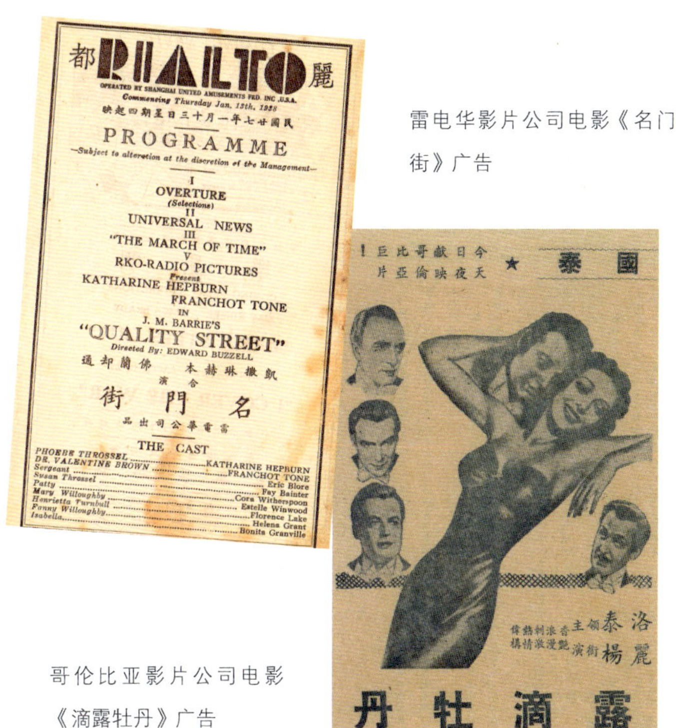

雷电华影片公司电影《名门街》广告

哥伦比亚影片公司电影《滴露牡丹》广告

九、联美影片公司

据1941年1月、7月版《字林西报行名录》记载，1940年下半年，联美影片公司（United Artists Corp.）开始在北苏州路352号河滨大楼办公，系由博物院路142号迁来。

此外，还有美国电影协会中国分会（Film Board of Trade（China））也设在河滨大楼，门牌号为北苏州路354号。

抗战胜利后，多家美国电影公司仍回归河滨大楼办公。据汤惟杰《电影史视野中的河滨公寓》一文考证，米高梅影片公司在138室，环球影片公司在118室，哥伦比亚影片公司、联美影片公司在135室，以上门牌号皆为北苏州路400号，雷电华影片公司所在门牌号为北苏州路404号。这时，英国鹰狮影片公司（Eagle-Lion Distributors Ltd.）入驻河滨大楼134室办公，门牌号为北苏州路400号。此外，美国电影协会中国分会也回归了，河滨大楼又恢复了太平洋战争爆发前的热闹场面。

鹰狮影片公司电影《虎胆忠魂》海报

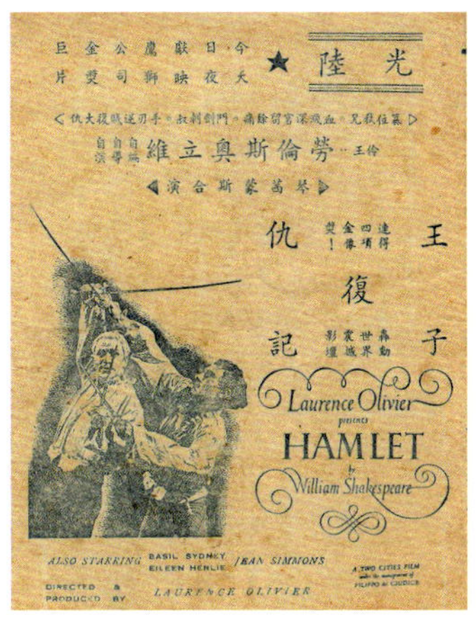

鹰狮影片公司电影《王子复仇记》海报

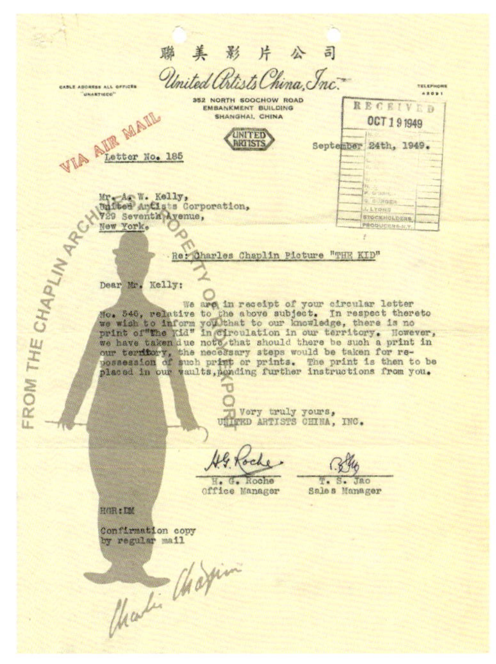

聯美影片公司

United Artists China, Inc.

CABLE ADDRESS ALL OFFICES "UNARTISCO"

TELEPHONE 42091

352 NORTH SOOCHOW ROAD
EMBANKMENT BUILDING
SHANGHAI, CHINA

UNITED ARTISTS

VIA AIR MAIL

RECEIVED OCT 19 1949

Letter No. 185

September 24th, 1949.

Mr. A. W. Kelly,
United Artists Corporation,
729 Seventh Avenue,
New York.

Re: Charles Chaplin Picture "THE KID"

Dear Mr. Kelly:

We are in receipt of your circular letter No. 546, relative to the above subject. In respect thereto we wish to inform you that to our knowledge, there is no print of "The Kid" in circulation in our territory. However, we have taken due note that should there be such a print in our territory, the necessary steps would be taken for re-possession of such print or prints. The print is then to be placed in our vaults, pending further instructions from you.

Very truly yours,
UNITED ARTISTS CHINA, INC.

H. G. Roche
Office Manager

T. S. Jao
Sales Manager

HGR:IM

Confirmation copy
by regular mail

设在河滨大楼的联美影片公司信笺

十、上海解放前夕的绝唱：《西影》《西影小说》与河滨大楼

《西影》与《西影小说》是由同一家杂志社出版的两份杂志。这家杂志社名为西影出版社，1948年创办于上海，最初设在福州路622—624号，不久迁至北苏州路400号河滨大楼117室。

《西影》杂志创刊于1948年11月7日，主要介绍西方电影特别是美国影片，有电影指南、演员消息、银海轶事及影评等，每期封面及内页皆有好莱坞著名影星的彩色精美照片。第二期于12月8日出版，这时西影出版社已迁至河滨大楼办公。杂志第一、二期由盛琴仙、马博良主编，第三期由盛琴仙独自主编，第四期起由盛琴仙、凌逸飞主编，发行人为徐慕曾，中国图书杂志公司经销，每期有猜奖竞赛活动，以激发读者的参与热情。在市场营销方面，杂志拉到了上海商业储蓄银行、中国旅行社、大生纺织公司、屈臣氏汽水公司、信谊药厂、上海亚丽童装商店、义生搪瓷厂、中国电影联营处、乐罗影片公司等广告赞助，同时在《申报》刊登消息，在《新闻报》刊发广告，扩大自身的宣传效应。

《西影》杂志坚持雅俗共赏的艺术宗旨，曾刊登《中国影星眼中的西影明星》《好莱坞三十年怀旧录》《西影明星如何度圣诞》《好莱坞影星的罢工潮》《环视全世界的电影市场》《好莱坞影星的犹太作风》等视角独特、脍炙人口的文章，也曾请当红明星为杂志助力，如发表对影星白光的访谈录《白光眼中的西影明星》，邀请黄宗英撰写《谈好莱坞电影》，沙莉撰写《从西洋影片中得到的一点》。正如第三期编后记中所言："艺术的表现是'美'，我们所求于艺术的是'欣赏'，电影本身是供欣赏的艺术品，因此我们认为作为电影的副产品的西影杂志，也应该是一种以欣赏为前提的艺术品。"[1]

民國卅七年十一月七日出版

西影 第一期

Western Movie Pictorial

發行人：徐慕曾

主編人：盛琴儂

出版者：西影出版社

上海(11)福州路六二二—四號

電話九三五六九·九五九九二

·每册零售金圓一元五角·

《西影》杂志创刊号（樊东伟提供）

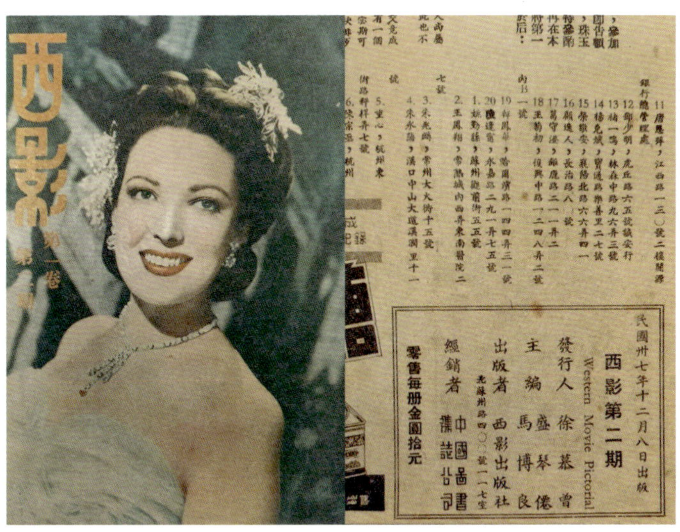

民國卅七年十二月八日出版

西影第二期

Western Movie Pictorial

發行人 徐慕曾

主編 盛琴儂 馬博良

出版者 西影出版社

北蘇州路四〇〇號一一七室

經銷者 中國圖書雜誌公司

零售每册金圓拾元

《西影》杂志第 2 期，此时西影出版社已在河滨大楼 117 室（樊东伟提供）

《西影》杂志第 7 期封面（樊东伟提供）

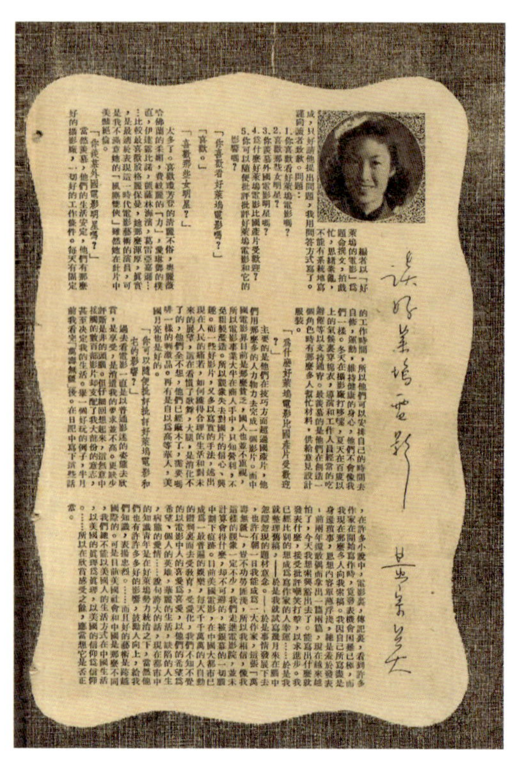

談好萊塢電影

黃宗英

編者以「好萊塢的電影」為題命撰文，拍戲忙，思緒紊亂，不能有系統地寫成，只好請他提出問題，我用問答方式寫了。謹向讀者致歉。問題：

1.你喜歡看好萊塢電影嗎？
2.喜歡那些女明星？
3.你羨慕外國電影明星嗎？
4.為什麼好萊塢電影比國產片受歡迎？
5.你可以隨便批評批評好萊塢電影和它的影響嗎？

「你喜歡看好萊塢電影嗎？」

「喜歡。」

「喜歡那些女明星？」

大多了。喜歡瓊芳登的清麗不俗，奧麗薇哈佛蘭的柔嫩，費紋麗的「力」，愛琳鄧的樸直，伊達露比諾，凱薩林海濱，葛雷亞嘉遜……比較最喜歡殷格麗保曼，她那麼渾厚，真實，是最適於表現這一時代電影藝術的演員，可是我不滿意她的「風塵雙俠」雖然她在此片中美麗絕倫。

「你羨慕外國電影明星嗎？」

當然羨慕，他們的生活安定，他們有那麼好的攝影廠，一切好的工作條件。每天有固定的工作時間，所以他們可以安排自己的時間去自修，運動，維持健康的身心，他們不會像我們一樣。冬天在攝影廠打哆嗦，夏天在百度以上的氣候裏穿棉衣，導演和工作人員經常的吃餅乾等以支持通宵。最羨慕的是他們在創造一個角色時有那麼多人幫忙材料，供給意見設計服裝。

「為什麼好萊塢電影比國產片受歡迎？」

主要的是他們在技巧方面超過國產片，他們用那麼多的人力物力去完成一個影片。而中國電影界目前是那麼貧乏，國人也並不重視，所以電影事業大半在商人手中，只知營利，不免粗製濫造。所以觀衆失去對國片的信心、興趣。而一些好影片，又多以寫實的手法，說出現在人民的痛苦，如何獲得合理的生活和對未來的展望，誰在看慣了歌舞，大腿，是消化不了的，他們全不想，他們已經麻木了，需要嗎啡一樣的刺激品。再有是自以為高等華人，美國月亮也是好的。

「你可以隨便批評批評好萊塢電影和它的影響？」

過去看電影一直是以普通影迷的姿態去欣賞，是享受，是消遣我的要求並不高。更缺少評斷是非的頭腦。但仔細回想起來，這無意中接觸的數百部影片卻支配了我大部份的意志，甚至決定我的生活。舉一個好玩的例子，半月前我看完「萬壽無疆」後。在日記中寫下這些話，在許多小說中，電影裏，傳記裏，看到許多作家在開始寫作時，覓得發表機會困難已極，而我現在那麼多人向我索稿。我因自己所寫盡是身邊瑣事，思想內容單薄淺，總是羞於發表、前兩年偶敢偶而拿出一篇兩篇，現在越來越怕了，今天我想索興豁出去了。能寫出什麼就發表什麼，接受批評嘲笑打擊，以求進步。我已經比別的想成為寫作家的人幸運……於是我就整理舊稿，——於是我就試寫幾月來在腦中忽隱忽現的題材意念。——於是事情發展下去，也許有朝一日我能成為一大作家，這張「萬壽無疆」，豈不功勞匪淺，所以我相信，像我這樣的觀衆一定不少，我們走進電影院，並未計算會得什麼，卻不可避的，被銀幕的一切腦中劃下痕跡。目前美國電影，在中國大都市已成為一般普遍的娛樂，每天千千萬萬的人自動的鑽到裏面去受教育，受感化，我們不知不覺的以電影中人的喜愛為喜愛，以他們的希望為希望、個人的英雄，華麗的生活，缺陷的人生，病態的愛情……說句誇大的話，現在都市中的知識青年是在好萊塢勢力統治之下，當然他們也有許許多多好的影響，鼓勵人向上，給我們知識，表揚忠烈。……而且好的藝術是跨越國際的。可是目前美國社會和中國是那麼不同，我們總不能以美國人的生活方式在中國生活，以美國的真理為真理，以美國的信仰為信仰。……所以在欣賞感受之餘，應當想它是否正當。

《西影》第 4 期刊登黄宗英《谈好莱坞电影》

但生不逢时，处于1948年底1949年初的大时代洪流中，国统区“整个经济陷于极度的紊乱，物价天天涨，币值刻刻跌”，加上《西影》杂志“一切讲究，不肯马虎，单是一张封面彩色版的成本，就在普通任何一册杂志的全部成本之上”，在这样的大环境里，这家迎合影迷读者需求的小小杂志社，还“为了保守信用，不愿使读者吃亏，始终咬紧牙关，牺牲到底”，实在步履维艰，难以为继。[2]结果在1949年4月20日出版第七期之后，《西影》杂志便无奈停刊了。

1949年初，西影出版社曾打算创刊一份新杂志，起名叫《天下文章》，定位为一种综合性文艺丛刊，计划译述与创作各占一半，每月10日出版，初衷是“希望《天下文章》能像美国的《读者文摘》（*Reader's Digest*）一样深入每一个市民的生活中”[3]。应该说，有这样的既定目标，愿望是美好的，但事与愿违，这份酝酿中的杂志一再迁延，最终未能面世，留下了一件憾事。

《西影》杂志自第四期起，辟了一个新栏目，叫作“西影小说”，译述著名影片剧情，先后发表了环球国际公司的《不夜城》与华纳影片公司的《情天惊魂》两部电影小说，深受读者欢迎，反响热烈。不少读者来信反映，每月读一篇意犹未尽，提议能否出版单行本，单行本读起来更加过瘾。为满足读者的热切期望，同时也为弥补《天下文章》未能创刊的缺憾，西影出版社决定发行《西影小说》半月刊，计划每月1日与16日出版。同时，为弥补月刊与读者见面周期偏长的不足，《西影》杂志还广拓渠道，创新宣传形式，与大中国电台合作播出“空中西影”节目，每晚10:30至11:00准时与听众见面，播音与杂志联袂，扩展了杂志的影响面。

《西影小说》仍由盛琴仙、凌逸飞兼任主编，经过一番努力组稿，精心编校，功夫不负有心人，创刊号于1949年4月1日如期出版。编者在“卷前小语”中说：“《西影小说》终于出版了！我们在如释重负之

《西影小说》创刊号封面（上海图书馆藏）

余，感到兴奋和愉快。”该刊把即将陆续在上海上映的西方影片编译为剧情小说的形式，目的在使读者进入电影院之前就对剧情有了大致了解，先睹为快。《西影小说》创刊号发表电影小说六篇，包括荣获当年第21届奥斯卡金像奖最佳影片的《汉姆雷特》（又名《王子复仇记》），以及《罗宾汉》《情窦初开》《逃狱雪冤》《朝云暮雨》《芳魂钟声》，文中还配有演职员表和多幅剧照，算得上是剧透了。杂志封底为亚丽童装商店广告，是整份杂志中惟一的广告，该商店对杂志自始至终的大力支持可见一斑。与《西影》杂志不同的是，时势所限，这份《西影小说》杂志仅此一期，真正是昙花一现，成了绝唱。

《西影》与《西影小说》两份杂志以电影文化传播为宗旨，先后在河滨大楼酝酿、编辑、出版，可以说是上海解放前夕的一段电影文化情缘。小小的杂志，留下了见证社会鼎革和文化变迁的深深印迹。

注 释

1, 《西影》杂志第三期“编后记”，1948 年 12 月 25 日出版。
2, 《西影》杂志第七期“编后记”，1949 年 4 月 20 日出版。
3, 《西影》杂志第四期“编后记”，1949 年 1 月 25 日出版。

EMBANKMENT BUILDING

河　滨　大　楼

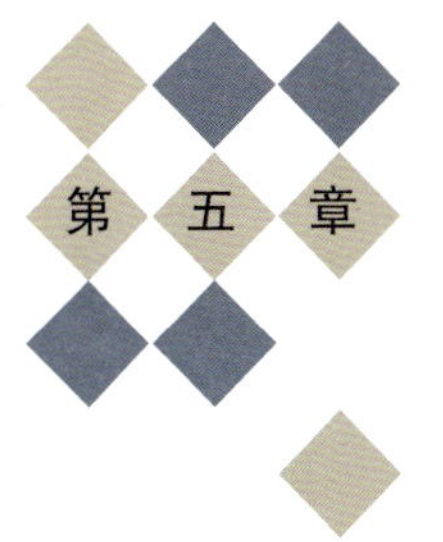

1949：河滨大楼外侨亲历上海解放

任何人都有自己的视角与感触，住在上海的外国侨民与中国人的眼光自然不同，他们是如何看待河滨大楼的呢？王向韬所著《一九四九：在华西方人眼中的上海解放》一书给出了答案："河滨大楼是远东地区最大的公寓楼。这栋由上海著名的犹太大亨沙逊出资建造的大楼，像一艘巨大的轮船停靠在苏州河北岸。从上往下看，这栋大楼呈一个S型，正是沙逊名字的首字母。这一栋大楼就占了整整一个街区，大楼里楼道九曲十八弯，陌生人进去很容易在里面迷路。美国人常常把这栋大楼比作纽约切尔西区著名的'伦敦排屋'（London Terrace）。"[1]

1949年，当中国人民解放军与负隅顽抗的国民党军队争夺上海的时候，在上海的外侨们坐不住了。在这样一个关口上，共产党与国民党谁输谁赢，大上海将毁于炮火，还是和平拿下？每个西方人都在打着算盘，自己的身家性命能得到保障么？家人怎么办？财产怎么办？往往在生死关头，特别是命运未卜的时刻，最容易产生恐惧感，解放前夕的上海，可以说是外国人最彷徨的时候。太平洋战争爆发后，日本敌对国的外侨都被投入集中营，备受凌辱折磨，有人为此丢了性命，也有人忍辱

1949 年的河滨大楼、邮政大楼

鲍威尔

《鲍威尔对华回忆录》中译本

负重，当年《密勒氏评论报》的主编鲍威尔（John B. Powell）就曾沦为日军囚犯，惨遭双腿残疾，1942年返美后，于1947年病逝。现在，轮到他的儿子面临抉择了。小鲍威尔（John William Powell）租住的河滨大楼，就与当年父亲曾被折磨的日本宪兵司令部占据的大桥公寓（今四川北路85号）相距不远。

1949年5月上海解放前夕，河滨大楼与百老汇大厦、邮政大楼、四行仓库等主要建筑，成了横在苏州河北岸的国民党军坚固的堡垒。大楼的每一个窗口都是一个火力点，几十挺轻重机枪、冲锋枪、卡宾枪从里面伸出来往下扫射，形成一道道难以逾越的密集火网。从市区各个方向进军到苏州河边的解放军部队，都被压制在苏州河滨南的桥头。

两军对垒之际，住在河滨大楼的小鲍威尔现状如何？他无论如何也想不到，自己租住的大公寓竟然成为国共双方枪林弹雨密集交火的地方。原来，就在两天前，在一个姓杨的中校带领下，有一个连的国民党青年军入驻河滨大楼，做起了战前防御准备。子弹不长眼睛，住在大楼里的外侨们内心非常害怕，但又不能轻举妄动，只好紧张地观察着这些士兵在底楼和楼顶布防，设置火力点。青年军接到死命令，务必坚守阵地，不得退缩，违令者立地枪决。很快，解放军兵临桥南，双方隔着苏州河，战斗打响了，“窗外枪声嘈杂。河滨大楼的住户，《密勒氏评论报》的主笔比尔·鲍威尔正猫着腰，爬到窗边去接响个不停的电话，不时有流弹击破窗子飞过他的头顶。市区新闻界同仁和朋友们听说了苏州河畔的战事，纷纷打电话来问安。鲍威尔觉得自己冒着生命危险去告诉大家自己很安全，也是蛮讽刺的”。小鲍威尔成了最靠近战场的记者。美联社记者汉普森也来电询问情况，但小鲍威尔在电话中除了告诉楼里很混乱，外面枪声大作之外，也提供不了什么其他信息。[2]

双方隔河激战，国民党军居高临下，解放军又不能

眺望苏州河与河滨大楼（王向韬提供）

使用重武器，伤亡不小。河滨大楼里面怎么样呢？这里有六百多欧美侨民，如英国人、美国人、荷兰人、葡萄牙人等，商人、银行家、记者、医生、护士……几乎各行各业都有。为避战事，防止意外，外侨们大多都存储

了必备的食物和必需品，打算待在这座“城堡”里，至少这里比一般的建筑要牢固得多，是一个比较不错的避难之处。出乎意料的是，他们所在的大楼，竟然成了上海市区战斗最激烈的地方，大家不由得惊慌失措起来，

躲避子弹成了他们迫在眉睫的头等大事。“三、四、五层走廊过道里挤着数百名中外居民。大楼的应急委员会焦躁地带领着所有人，随着外面枪声的方向变化而从这条走廊挪到另一条走廊，从东往西，从下往上，在他们和枪声之间隔开尽可能多的墙壁。”[3]

驻守河滨大楼的国民党青年军负隅顽抗，机枪不断扫射，封锁着河南路桥。大楼里的外国居民曾经尝试着对他们劝降，但他们仍然听不进。解放军伤员继续增多，被压着打的解放军士兵们，早就按捺不住了。当底楼有一两个想投降的国民党兵奔上河南路桥时，楼顶的国民党军狙击手立即毫不留情地进行射击，不给他们留任何活路。如此僵持下去，也不是办法。

5月26日下午，上海市政府代市长赵祖康做起了劝降的工作，从策略上来说，只要在邮政大楼顽抗的部队先放下武器，其他队伍也就不是问题了。果然，经过赵祖康两个半小时的苦口婆心，还有解放军方面给予的优待政策，邮政大楼的国民党军首先竖起白旗，又由赵祖康与颜惠庆所派人员联系，河滨大楼、百老汇大厦等处的国民党武装先后缴械投降，苏州河以北遂告解放。[4]关于劝降的这一细节，赵祖康在1949年5月26日日记中记录了与刘光辉、王裕光解决邮政大楼国军投降事。28日日记中，他记下了“余向陈述数日来交涉邮政大楼、河滨大厦缴械情形”。[5]

上海解放之初的6月19日，一份名为《飞报》的小报刊登了在河滨大楼负隅顽抗的国民党青年军投降的梗概，作者署名“冰心”，题为《河滨大楼降军追记》：“在天后宫桥与四川路桥之间，矗立于河北岸的河滨大楼，是一座英商沙逊所有的大幢的公寓房子。其间所寓中西人士，数逾千外。伪青年军二〇四师，当天从七宝调回，就将它全部占据了。当解放军开始隔岸喊话，再三劝令投降时，他们的态度是相当倔强。全体住户急死了，只得纷纷去向他们劝降，他们只说并非存心要害

赵祖康

小鲍威尔（王向韬提供）

THE CHINA WEEKLY REVIEW

報論評氏勒密

A Weekly Newspaper Established in 1917

May 28, 1949

Shanghai Liberated

As this issue of the *China Weekly Review* goes to press, Shanghai joins the liberated area of China. This publication has been a consistent critic of the corruption, exploitation and ineptitude that has characterized the Kuomintang regime, particularly in the post-war years. We therefore welcome the change that has come about and hope that the arrival of the People's Liberation Army will mark the beginning of a new era—an era in which the people of China can now begin to enjoy the benefits of good government. The new authorities have an immense task ahead of them in reconstructing the country and in reorganizing its social structure. We wish them well and will endeavor to reflect honestly and fairly the development of the new China.

JAP REPARATIONS

An Editorial

Report to Youth Congress

Jen Pi-shih

THREE POEMS

Tu Yun Sih, Fung Tsze, Tu An

1949 年 5 月 28 日《密勒氏评论报》报道上海解放

1950 年 1 月 28 日，河滨大楼的女青年举行化装舞会（1950 年 2 月 5 日《字林西报》）

人，乃是出于不得已。而且，这水泥钢骨房子极牢，机关枪也打不进来，料知解放军在市区里决不会开炮，请大家放心，只须等在夹道里就好。一般妇孺们听着不禁大哭，他们也多有泪下沾襟的。好得解放军在外面整天临以严威，不断晓谕，愈逼愈紧。而其间的中西住户，也在尽在作'徒滋民怨，牺牲无谓'的劝说。终于有一长官泪随声下地说'此非战之罪，乃国民党政治太糟的失败。既已失尽人心，没有了民众的支援，我们还打的什么呢？'的大彻悟下，相顾唏嘘，各无异言，才决定接受投降，将其屠刀放下。"[6]

这则小文写得很是生动，作者如临其境，估计是听闻身在其中的河滨大楼居民所说。正如那位投降的军官所言，国民党早就失去了人心，连临时代理上海市长职务的赵祖康都来做劝降工作，负隅顽抗已没有任何意义了。

上海的外侨，特别是河滨大楼里包括小鲍威尔在内的西方居民们，亲眼目睹了解放军"瓷器店里捉老鼠"的战略战术。百闻不如一见，他们对新的共产党政权更加钦佩了。河滨大楼也以承载了无数弹痕的方式，迎来了解放区的天。新中国成立初期，住在河滨大楼里的外国居民欢歌笑语，载歌载舞。据1950年2月5日《字林西报》报道，1950年1月28日是一个星期六，住在河滨大楼的女青年们举行了热闹的化装舞会，并摄影留念。这则图片报道，看起来似乎很是生活化，在众多新闻中并不起眼，但在中华人民共和国成立不久，世界瞩目的时刻，无疑是向全世界表明了中国共产党对待外侨的态度。[7]

1949 年 6 月，远眺苏州河，可见河滨大楼

注 释

1, 王向韬：《一九四九：在华西方人眼中的上海解放》，上海书店出版社2020年版。
2, 王向韬：《一九四九：在华西方人眼中的上海解放》，上海书店出版社2020年版。
3, 王向韬：《一九四九：在华西方人眼中的上海解放》，上海书店出版社2020年版。
4, 中国人民政治协商会议上海市委员会文史资料工作委员会编：《上海解放三十五周年》，上海人民出版社1984年版。
5, 赵祖康部分日记，转引自陈伯强：《赵祖康与上海解放》，《武汉大学学报（社会科学版）》1986年第1期。
6, 冰心：《河滨大楼降军追记》，《飞报》1949年6月19日。
7, A Masquerade Dance was given by the younger set of the Embankment Building on Saturday, January 28, *The North-China Daily News*, February 5, 1950.

EMBANKMENT BUILDING

河　滨　大　楼

学校、报纸与出版机构

一、上海中医学院在河滨大楼创校

1956年5月，上海中医学院筹备组成立，21日，租借北苏州路410号河滨大楼119室、126室等部分房屋作为临时校舍，迁入办公。8月6日，上海中医学院正式定名。9月1日学院宣告成立，举行第一届学生开学典礼，因河滨大楼没有礼堂，借用了相距不远、苏州河以南的国华大楼礼堂，上海市人民政府副市长金仲华、卫生局副局长杜大公出席，程门雪为首任院长，章巨膺为教务主任。

程门雪（1902—1972），名振辉，号壶公，江西婺源人。少年时从安徽歙县名医汪莲石学习，后拜名医丁甘仁为师，并就读于丁甘仁1916年初创的上海中医专门学校，为该校第一届毕业生，成绩优异，毕业后留校任教，不久任教务主任兼附属广益中医院医务主任，后自设诊所于上海西门路宝安坊。1949年新中国成立后，任上海市第十一人民医院[1]内科主任、上海市卫生局顾问。1956年由国务院聘任为上海中医学院院长，并兼任上海市中医学会主任委员、中共中央血吸虫病防治领导小组中医中药组组长、卫生部科学委员会委员。同年，被选为上海市人民代表大会代表，以后又连续当选第二届、第三届全国人民代表大会代表。程门雪毕生笔耕不倦，著有《金匮篇解》《伤寒论歌诀》《校注未刻本叶氏医案》《程门雪医案》等。

当时，上海中医学院仅有教师38人，兼职教师26人。学院规模虽小，却汇集了沪上众多中医名家，如程门雪、石筱山、秦伯未、章次公、陈大年、杨永璇、陆瘦燕、姜春华、王超然、顾伯华、黄文东、章巨膺、朱小南、徐仲才、丁济民等。首届录取中医专业学生121名。

据1956年6月开始参加上海中医研究班学习的林乾良回忆："我本是学西医外科的，1956年被卫生部调至上海中医研究班学习。六省一市的学生60人，齐集苏州河北岸的河滨大楼。大家放下西医，奋力攻读《内经》《伤寒》。同学大多年过四十，我当时最年轻，才25岁。"[2]这是林乾良85岁时，对60年前在河滨大楼学习中医的回忆。光阴荏苒，当年在河滨大楼的美好记忆，存续在耄耋老人的头脑中，挥之不去，念兹在兹，的确是难得的缘分。

据首届学生、1957年9月当选学院学生会主席的陆德铭回忆，1956年他放弃报考上海第二医学院的机会，选择报考了刚刚成立的上海中医学院，被顺利录取。到了9月初开学，他入学后的第一印象如何呢？"来到上海中医学院后，看到学校的条件非常差，不像一个学校。……上海中医学院在苏州河旁边的河滨大楼租了两层楼，既没有操场，又没有正规的教室，更没有一间实验室。我当时也有一点想法，但还是想既然已经来了就要好好读书。当时读书没有教科书，老师上完一堂课再将讲义的油印稿发给我们。这些讲义由铁笔刻写，字有大有小，有草有正。一学期读完了，我们都会将其整理、装订成册。当时部分同学说上海中医学院是大学的招牌，中学的教材，小学的校舍。小学还有像样的操场，我们却没有。"[3]

上海中医学院第一届学生在河滨大楼学习的情况是

上海中医学院首任院长程门雪

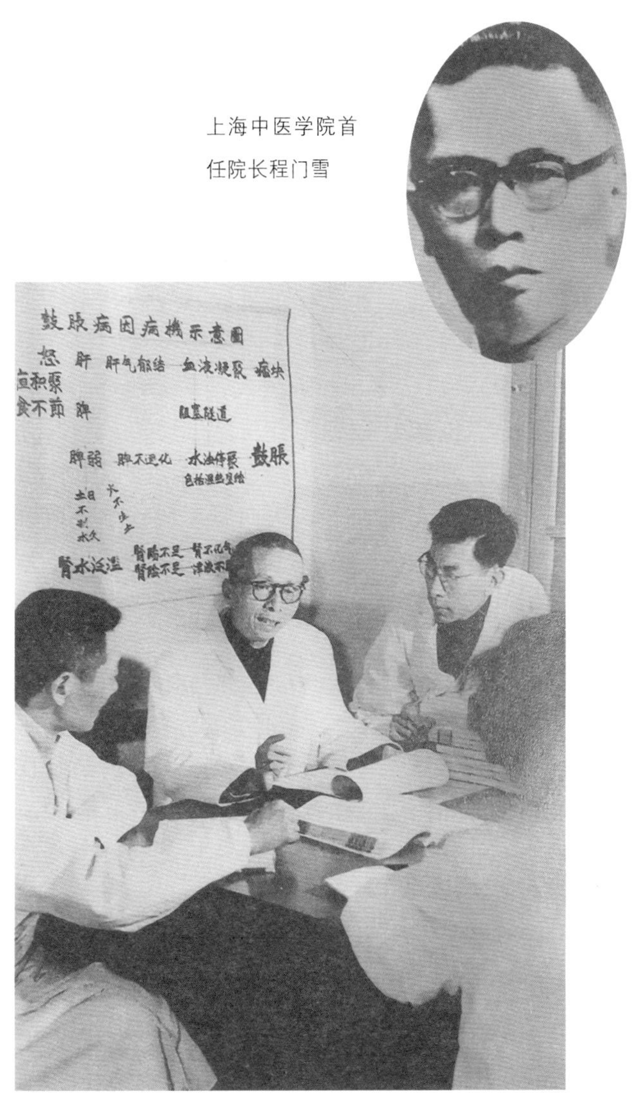

上海中医学院教师黄文东在授课

什么样子的？陆德铭诉说了当年的简陋艰辛："体育课是借上海第二医学院的操场上的，学校开车送同学们去，上好体育课后再乘车回来，一个星期一次或两次。车子是外租的，当时学校是一辆车也没有的。我们的院长程门雪配备了一辆小轿车，其他学校领导上下班都是乘公交车的。……程门雪院长后来坚决不坐小轿车，将车退了。"[4]

他还讲述了当年吃住都在河滨大楼里的日常生活："我们生活还是可以的，食堂伙食挺好。我们是享受全额补助，记得一个月的补助是12元，吃饭一般交给食堂7元多点，剩下的就自己零用。河滨大楼最大的特点是它在苏州河旁边，临时校址宿舍刚好就靠近河边，当时苏州河水很臭很脏，而且外面的声音也很大，夏天开窗根本没有办法睡觉。后来习惯了，我们搬到新校学生宿舍后因为太安静反而睡不着了。"[5]与现今学子们的学习生活条件相比，创校时期的上海中医学院在河滨大楼的艰苦情形简直不可想象。

1957年2月，上海中医学院成立建院委员会，院长程门雪任主任委员，确定建院地址在零陵路，7月20日开工兴建。1958年5月，教学大楼落成，各部门陆续迁入办公。最初创办时，上海中医学院隶属于上海市卫生局管理；自1958年2月起，行政领导归属上海市高教局，教学业务由上海市卫生局指导。1993年12月，上海中医学院正式更名为上海中医药大学。[6]

河滨大楼是上海中医药大学的发轫地、发祥地。在河滨大楼赁屋创校办学的两年时间里，上海中医学院经过了从无到有的筹备阶段。筚路蓝缕，以启山林。创榛辟莽的地方，总是令人景仰，值得怀念的。诞生于斯，起步于斯，在上海中医药大学的发展历程中，河滨大楼有着特殊的意义。2016年1月，上海中医药大学60周年校庆公告用了这样的表述："河滨大楼临时校址，是我校初始记忆；零陵道上原校区，是我校亮丽年轮；浦东张江校园，是我校豪迈风采。"其中的"初始记忆"四字，十

河滨大楼窗外小景（秦战摄）

分贴切。俗话说“吃水不忘掘井人”，可见上海中医药大学对河滨大楼创始校址的饮水思源。

二、新闻出版等机构曾在楼内办公

上海的两大报纸《解放日报》与《文汇报》都与河滨大楼颇有渊源。文汇报社曾在河滨大楼租用312室房屋两间。1957年5月27日，解放日报社致函文汇报社，拟请暂借该两间房屋。文汇报社迅即于5月29日复函同意：

站在河南路桥上看河滨大楼（彭晓亮摄）

“解放日报社：你社5月27日来函收悉。我社在北苏州路河滨大楼所租用之312室房间两间，同意从1957年6月1日起至1957年12月31日止暂借与你社使用。有关手续，请径与我社总务科洽办。特复。”[7]在当时各单位办公用房都极其紧张的情况下，文汇报社非常爽快地表态，欣然

同意将两间办公室借给解放日报社使用，并且一借就是7个月，两家报社的关系可见一斑。

解放后，河滨大楼租赁事务由英商上海地产投资股份有限公司管理。上海市人民政府工商行政管理局度量衡检定所曾租用河滨大楼517室、522室办公。[8]

20世纪五六十年代，中国医药工业公司上海分公司曾使用河滨大楼205室、503室、715室、719室四组房屋，分别租给相关职工居住。[9]

上海纺织用品工业公司所属的梭子制造厂第一联营所曾租用河滨大楼128室、129室办公，该联营所结束后，将房屋交由上海纺织用品工业公司处理，一间用作堆放生财家具，一间用作该公司单人集体宿舍。上海市搪瓷、铝器、热水瓶、玻璃工业同业公会曾在河滨大楼132室、127室、130室、121室、122室办公。[10]

20世纪五六十年代，河滨大楼底层部分房屋曾经用作上海出版系统的纸型仓库，一度由上海出版印刷公司使用。1978年1月，上海的出版大社分社，决定把位于河滨大楼底层的纸型仓库由上海出版印刷公司让出，移交给上海人民出版社和上海科学技术出版社使用。当时，因出版印刷公司有两户职工居住在仓库内，所以移交手续迟迟未办理。很快到了1981年8月，上海市出版局为解决遗留问题，召集双方负责人研究尽快履行移交手续。当月，上海出版印刷公司与上海人民出版社签署了一份协议书，以明权责。[11]

1982年5月，为支持上海图书发行公司开展国内出版物的对外出口以及与国外的合作出版、补偿贸易等业务，经多次协商后，上海市出版局研究决定："现由上海人民、上海科技出版社使用的北苏州路376—384号房屋（共344.8m^2）调给上海图书发行公司使用，并由上海人民出版社会同上海图书发行公司向房屋管理部门办理承租过户手续。"[12]自当年6月起，河滨大楼底层的房屋，即转由上海图书发行公司使用了。这一调整变化，看似小事，但在20世纪80年代初用房极度紧张的条件下，从一个侧面反映出改革开放初期上海出版界开始往外向型转变的历程。

注释

1, 上海市第十一人民医院于1954年创建，为上海第一所市立中医医院，1960年与第十人民医院合并为曙光医院，作为上海中医学院附属医院。

2, 林乾良:《六十年前喜读〈浙江中医杂志〉》,《浙江中医杂志》2016年第11期。

3, 陆德铭口述:《新中国第一代中医学子——就学在初创时期的上海中医学院》,中共上海市委党史研究室、中共上海市教育卫生工作委员会、上海市现代上海研究中心编著:《口述上海 教育改革与发展》,上海教育出版社2014年版。

4, 陆德铭口述:《新中国第一代中医学子——就学在初创时期的上海中医学院》,中共上海市委党史研究室、中共上海市教育卫生工作委员会、上海市现代上海研究中心编著:《口述上海 教育改革与发展》,上海教育出版社2014年版。

5, 陆德铭口述:《新中国第一代中医学子——就学在初创时期的上海中医学院》,中共上海市委党史研究室、中共上海市教育卫生工作委员会、上海市现代上海研究中心编著:《口述上海 教育改革与发展》,上海教育出版社2014年版。

6, 施杞主编：《上海中医药大学志》，上海中医药大学出版社1997年版。

7, 文汇报社致解放日报社《函复同意暂借河滨大楼租房两间由》，1957年5月29日，上海市档案馆藏档A73-1-307-18。

8, 上海市档案馆藏档B178-1-52-15。

9, 上海市档案馆藏档B89-2-728-43。

10, 上海市档案馆藏档B99-2-3-33。

11, 《关于办理河滨大楼纸型仓库移交手续的协议书》，1981年8月7日，上海市档案馆藏档B167-5-600。

12, 上海市档案馆藏档B167-5-720。

EMBANKMENT BUILDING

河　滨　大　楼

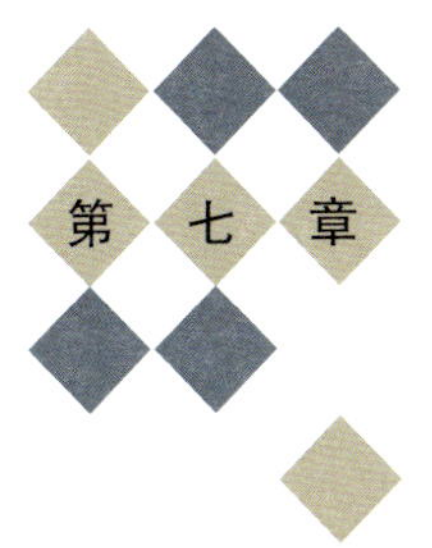

第七章 名家荟萃

20世纪50年代起，陆续有从事各行各业、来自不同单位的居民入住河滨大楼，有设计院、电机厂、钢铁厂、仪表厂、纱厂、纺织厂、拉链厂、食品厂、药厂、卷烟厂、乐器厂、银行、粮油公司、房地产公司、眼镜公司、大学、中学、医院、报社、画院、文史馆、邮电局、电话局、对外贸易局、商业局等等，有教师，有高知，有医生，有画家，也有机关干部，文科、理科、工科、医科，五花八门，左邻右舍，楼上楼下，能够容纳六七百户人家的河滨大楼，热闹起来了。可以说，河滨大楼就是一个囊括了许多职业的小社会，当然，也汇聚了不少的精英，称得上名家荟萃。笔者在这里无法一一罗列，仅举例介绍部分名人，比如画家伉俪谢稚柳、陈佩秋夫妇，体育教育家吴蕴瑞与画家吴青霞夫妇，围棋大师顾水如，眼科医生赵东生，经济学家徐之河，历史学家唐振常，会计学家娄尔行，解放日报总编辑陈念云，越剧表演艺术家魏小云，文史耆宿向迪琮，新四军老干部黄亚成，科学家、教育家杨福家等，他们有理论，有实务，有艺术，有科研，在自己所在领域无不声名显赫，为社会作出了各自的贡献。

一、住户

（一）
谢稚柳、陈佩秋夫妇

谢稚柳（1910—1997），江苏常州人。原名稚，字稚柳，后以字行，晚号壮暮翁，斋名鱼饮溪堂、杜斋、烟江楼、苦篁斋。擅长书法、绘画及古书画鉴定。历任上海市文物保护委员会编纂、副主任，上海市博物馆顾问、中国美协理事上海分会副主席、中国书法家协会理事上海分会副主席、国家文物局全国古代书画鉴定小组组长、国家文物鉴定委员会委员等。著有《敦煌石室记》《敦煌艺术叙录》《水墨画》等，编有《唐五代宋元名迹》等。

陈佩秋（1923—2020），字健碧，河南南阳人，生长于云南昆明。室名秋兰室、高花阁、截玉轩。1942年考入西南联大学经济，1944年又考入重庆国立艺专，1950年毕业，先入上海市文物管理委员会，1955年入上海中国画院，被聘为画师，后为高级画师。上海大学美术学院兼职教授、中国美术家协会会员、上海中国画院艺术顾问、上海美术家协会艺术顾问、上海书法家协会艺术顾问、西泠印社理事，第六届上海文学艺术奖终身成就奖获得者。

1950年，谢稚柳与陈佩秋迁居河滨大楼。这年，上海市文物管理委员会调整，谢稚柳仍为特别顾问，并受聘为编纂，主管接收和收购文物的鉴定工作。他鉴定《柳鸭芦雁图》为宋徽宗的真迹，上海市文管会决定收购。这一年里，他创作了《古木竹石图》《白山茶小鸟》《青山红树图》，还在老刀牌香烟牌上临摹元代画家王蒙《春山读书图》题跋。1951年，谢稚柳受徐森玉委托，向叶恭绰征购王献之的《鸭头丸帖》。他创作了山水画《通景屏》，直至1981年举办谢稚柳陈佩秋书画

年轻时的谢稚柳

晚年陈佩秋

展时，才被世人所知。这年12月，上海市文物收购鉴别委员会成立，谢稚柳是委员之一。

1951年，他们的长子谢定琨出生。[1]1955年，次子谢定纬出生。这一年，谢稚柳创作了多幅作品，有《墨竹图卷》《王子猷看竹图》《牡丹图卷》《白报岁图》《竹》《水墨蔬果册页》，以及《绿竹》扇面等。这年

8月完稿的《敦煌艺术叙录》一书于11月出版。可以想见，谢稚柳在河滨大楼家中挑灯夜战、笔耕不辍的身影。谢稚柳、陈佩秋夫妇于1956年搬离河滨大楼，迁至乌鲁木齐南路176号，20世纪80年代迁至巨鹿路785弄居住。[2]

谢稚柳、陈佩秋佳偶天成，伉俪情深，在书画艺术领域比翼双飞，俱豁达开朗长寿，为中华艺术传承作出了杰出贡献。新中国成立初期，两人在河滨大楼居住的六年中，每天出双入对，先后育二子，艺术造诣齐头并进，与日俱深，也是被广为传颂的一段佳话。如今，陈佩秋也追随谢稚柳先生而去，这对佳侣的人生之旅和艺术之旅，值得世人追忆。

谢稚柳、陈佩秋夫妇

（二）
吴蕴瑞、吴青霞夫妇

吴蕴瑞（1892—1976），字麟若，江苏江阴人，著名体育教育家，一级教授，中国体育理论研究的奠基人，中国近现代体育教育事业的开拓者。吴蕴瑞是上海体育学院首任院长，兼任中华全国体育总会筹委会副主任、中华全国体育总会副主席兼上海分会主席、中国体操协会主席、上海市体委副主任等职。吴蕴瑞著作等身，书画也是一绝。2018年被上海市社会科学界联合会评选为68位“上海社科大师”之一。

吴青霞（1910—2008），江苏常州人。民盟盟员、上海中国画院画师，中国美术家协会会员，中国美术

年轻时的吴青霞

吴蕴瑞

吴蕴瑞、吴青霞伉俪合画之《芙蓉白头》（上海体育学院档案馆藏，贾颖华提供）

家协会上海分会理事。为收藏家、鉴赏家吴仲熙先生之女，擅长国画，尤以鲤鱼、芦雁为精，多次在上海、深圳、香港和美国举办个人画展。代表作品有《万紫千红》《腾飞河海入云霄》《腾飞万里》等，出版有《吴青霞画集》。1979年被上海市人民政府聘为上海市文史研究馆馆员。

吴蕴瑞、吴青霞于1955年结为伉俪，婚后入住河滨大楼5楼。1956年，吴青霞的《双鲤图》参加在芬兰举行的世界女子画展，获得高度评价。《九鲤图》是吴青霞中年时期的力作，20世纪70年代曾在上海画展亮相。吴

吴蕴瑞、吴青霞伉俪（上海体育学院档案馆藏，贾颖华提供）

蕴瑞去世九年后，吴青霞于1985年迁出河滨大楼，搬到巨鹿路785弄居住。当时客厅里挂着四幅她早年创作的《芦雁图》，颇有意境。自20世纪50年代至1985年，约三十年时间里，吴青霞在河滨大楼5楼居住期间，创作了大量精品力作，成为传之久远的艺术经典。

（三）

围棋国手顾水如

顾水如（1892—1971），籍贯江苏松江（今属上海市），出生于浙江嘉善枫泾（今上海市金山区枫泾镇）一个围棋之家。他从小聪颖，幼时因家庭环境熏陶而迷上围棋，少年时，棋艺在十里八乡已无敌手。后到上海与不少高手对弈，棋艺日渐精湛，20余岁已有“围棋圣手”之誉。顾水如惜才爱才，早年曾收少年才俊吴清源为徒，并推荐给段祺瑞，成就了一段佳话。

上海解放后，首任上海市长陈毅对围棋也颇喜爱，常与顾水如对弈切磋。1951年，《新民报晚刊》辟设“棋类周刊”，顾水如积极撰稿，《弈之原始和现代棋士之品位》即是其中一篇。顾水如与陈祖德也颇有缘分。当时，顾水如家住陕西南路，时常在襄阳公园指导别人下棋，机缘巧合发现了年仅7岁的陈祖德，经他精心点拨培养，陈祖德成长迅速。他还带年幼的陈祖德与陈毅一起下棋，二陈也成了忘年交。[3]陈毅对顾水如等围棋好友颇多关怀。1953年7月，顾水如受聘为上海市文史研究馆馆员，1956年春增补为上海市第一届政协特邀代表，同年6月加入中国农工民主党。后来他家从陕西南路搬到河滨大楼5楼居住，陈祖德等依然是顾家的常客。顾水如还与其他棋手合作编撰了《围棋对局解说》一书，把多年的棋局宝贵经验向社会传授分享，惠人无数。顾水如于1958年9月当选为中国农工民主党上海市委候补委员，同年10月起，连续担任上海市第二届、第三届、第四届政协委员。

1960年，《围棋》杂志创刊，顾水如担任副主编。1962年，上海市业余围棋学校创立，他又担任校长，培养了更多围棋界新人。晚年的顾水如，仍以下棋为乐，家里从不锁门，屋里摆着几幅围棋同时开战，对于河滨大楼中的大小棋迷们来说，自然是近水楼台了。同住河

顾水如

顾水如与童年陈祖德

顾水如等编《围棋对局解说》

（上海市金山区档案馆藏）

顾水如全家合影

滨大楼的新四军老干部吴众也是围棋迷，时常向顾水如请教棋艺。据棋友朱伟回忆，1968年夏天，吴众特地让朱伟去河滨大楼与顾老下棋。一个星期日上午，朱伟如约来到河滨大楼5楼顾老家中，当吴众提出顾老让朱伟二子时，顾水如颇感意外，一个名不见经传的小朋友，怎么可能仅让二子？于是顾水如便让同住5楼的邻居少年阿德与朱伟先下，看他到底有什么水平，并且要求朱伟让阿德六子。结果朱伟赢了棋局，也获得了与顾老对弈的机会。于是，顾水如让朱伟三子，两人下了约一小时后，已届正午，顾老匆匆吃了午饭，两人继续。这盘棋一直下到了下午，期间吴众还给朱伟送来了饭菜，边吃边下，最后以朱伟告败而终。两个月后，顾水如欣然同意在河滨大楼家中与朱伟再次对弈，结果却以朱伟突发

立于上海市金山区枫泾镇的顾水如纪念碑

顾水如故居

急性胃炎而作罢。[4]上海的棋人棋事花絮多多，在朱伟的记忆里，这也算是其中一件了。

在这之后不久，年迈的顾水如搬出河滨大楼，去松江居住，直至1971年6月病逝于松江人民医院。[5]1989年，他的骨灰安葬在家乡枫泾公墓。2000年，中国棋院和枫泾镇人民政府为他建造了纪念碑。陈祖德以弟子名义撰写纪念碑文，并在碑额上题写了“一代围棋国手”六字。2005年10月，上海市金山区人民政府批准顾水如故居为该区文物保护单位。

（四）
徐之河

徐之河（1917—2021），浙江江山县人，1917年5月生，2021年2月10日去世。1942年毕业于重庆中央大学经济系，1944年赴美国，先后在哥伦比亚大学商学院、宾夕法尼亚大学沃顿商学院学习，1946年获MBA学位。回国后，历任暨南大学、上海商学院、复旦大学、上海财经学院教授。据档案记载，1949年10月，徐之河由上海商学院聘为专任教授，上海市人民政府高等教育处函复同意。[6]1959年9月调入上海社会科学院，历任经济研究所教授、部门经济研究所研究员、所长、名誉所长。

自1956年加入中国民主建国会，徐之河积极参政议政，1983年春被选为第六届全国政协社会科学界委员，并连任第七届全国政协委员至1993年，后任政协之友社理事、名誉理事。他曾任民建中央委员，民建上海市第六、七届委员会常务委员。

徐之河在其回忆录《百岁回眸：变迁与求索》一书中回忆道："1956年知识分子'脱帽'，优待知识分子，学校[7]分配给我们河滨大楼718室的房子。我们于九月迁入居住。"徐之河指出，河滨大楼是"当时最高级公寓之一"，是他们"所得到的最高级住处"。[8]

1956年9月入住河滨大楼之后，徐之河就在家中读书写作，著书立说，其妻毛景椒还一度被请去做河滨大楼居委会工作。徐之河与妻子毛景椒于1938年在家乡浙江江山结婚，之后两人历经抗战烽火，天各一方，直至1943年才在重庆团聚。1944年10月，徐之河赴美国留学前夕，两人照了一张合影。徐之河对这张照片极为珍视，带到美国，1947年又带回祖国。"1956年秋，我们迁入河滨大楼，又把它挂在卧室里，一直到现在，已成我们恩爱的象征了。希望它能永远陪伴我度此一生。"[9]

作为著名理论经济学家，徐之河著作等身，如主编

1957 年徐之河一家搬入河滨大楼后不久的合影
（《百岁回眸：变迁与求索》）

《上海经济1949—1982》《上海经济1982—1985》以及《上海经济年鉴》（1987年至1993年），著有回忆录《百岁回眸：变迁与求索》等。

2019年11月，政协第十三届全国委员会常务委员会第九次会议表彰全国政协成立70年来100件有影响力重要提案，徐之河于1984年在全国政协六届二次会议上提交的关于改革我国工业管理体制的提案（案号0158）入选。年逾百岁的徐之河老人，真正诠释了“仁者寿”三字。

徐之河夫妇 1944 年在重庆合影，自 1956 年 9 月至今挂在河滨大楼家中（《百岁回眸：变迁与求索》）

徐之河夫妇 1959 年合影（《百岁回眸：变迁与求索》）

徐之河回忆录《百岁回眸：变迁与求索》

（五）

唐振常

唐振常（1922—2002），生于四川成都，著名报人、历史学家，1946年毕业于燕京大学新闻系，曾在大公报社、上海电影剧本创作所、文汇报社任职，1957年1月加入中国共产党。1978年至上海社会科学院历史研究所工作，1980年评为研究员，历任古代史研究室主任、上海史研究室主任、副所长，1993年退休。

1958年，唐振常调到文汇报社工作前后，住房分配在河滨大楼4楼，直至2002年去世，在此居住了40余年。

1994年春，《中学历史教学参考》杂志记者刘九生慕名拜访唐振常先生，当他来到唐先生位于河滨大楼4楼的家中，“在他随便摆放着烟酒茶的卧室兼书房里，听他纵论平生。窗户洞开，苏州河滨大上海喧嚣自远处近处四方八面一齐涌来也难以冲淡他的讲话。他讲话如荡荡流水，音韵铿锵，吐字清晰，底气很足”。在刘九生眼中，“听他讲话完全像在听一首充满激情的诗”。[10]

1999年，唐振常在文汇报社时期的老同事何倩曾在河滨大楼对其进行采访。在何倩印象中，“振常先生居住在苏州河边一座旧式公寓大楼里。自1958年迁入至今已超过40年。二居室的住房全朝北向，其中一间作会客室兼长子卧房，另一间便是他的卧室兼书房，光照明显不足，访谈便在这里进行。由于房间不宽敞，振常先生不得不在厨房辟出一角装上搁板放书。然而，居室虽陋而简，却无损于他爽朗乐观的性格。访谈中，不时听到他豪放的笑声。很难想象，他的一系列闪烁灼见的论著竟是在这样的环境里写就的”。[11]

唐振常把河滨大楼家中自己的卧室兼书房称为“半拙斋”，还解释了起名的缘由：“然自读书以来，寒舍实无书斋，读书为文皆在卧室，而此卧室之中，又确实堆放了一部分书，便杜撰了一词曰半拙斋，意卧室之半是

唐振常在河滨大楼家中
（《唐振常文集》）

读书为文之处，而非只效‘拙’之一半也。”曾前往拜访的作家韩石山对唐振常的“半拙斋”印象颇深：“1994年春天，与谢泳先生同去上海查资料，有天晚上，曾去他那位于苏州河畔的公寓楼里拜访过他。挺大的一个房间，一张大床，三边不靠，这里那里，全是一架架一堆堆的书。是否还有其他房间，不得而知。后来才知道，这房间便是他书房兼卧室的半拙斋。”[12]

有“侠儒”之称的唐振常先生十分设身处地为人着想。上海人民广播电台高级编辑郭在精在《青山对绝响——作家访谈录》一书的序中提到，当有记者准备前往他家中采访时，唐振常会“事先仔细关照记者如何上他家所在的河滨大楼，如何走过那暗黑的没有灯的走廊，足见先生的厚道及仁慈之心”。[13]

晚年的唐振常先生曾住院一年多，出院后回到河滨大楼家中，“竟然可以室内行走，桌前阅报，接打长途电话，我们都以为他的病情稳中转好”。[14]这是唐振常先生在河滨大楼居住了大半生的最后时光，此后，人们只能在他留下的众多美文佳作中去感受他的人格、思想与精神魅力。

唐振常画像（陆林汉绘）

唐振常在学术研讨会上（《唐振常文集》）

唐振常主编的《上海史》

（六）
“东方一只眼”赵东生与上海市第一人民医院

赵东生（1913—2006），江苏镇江人，1913年12月出生于日本长崎。其父赵寿民毕业于长崎医科大学，外科医生。1934年，赵东生自陆军军医学校毕业，曾任南京中央医院医师，后留学奥地利、德国、匈牙利，1939年获奥地利茵士布鲁克大学医学博士学位，1944年回国，曾在重庆开诊所，后任江苏医学院教授。1946年，赵东生受上海公济医院院长朱仰高之邀，担任公济医院眼科主任，兼任江湾军医大学眼科教授。

新中国成立后，赵东生任上海市第一人民医院眼科主任，1956年之前曾兼任苏北医学院眼科教授。他在眼科方面学识非常渊博，不仅对泪道手术、眼科整形等临床手术有丰富经验，而且对眼科病理、生化等基础理论也有很高造诣，特别是对视网膜脱离手术及其病理的研究造诣精深。他于1970年把国外的巩膜缩短术改进为巩膜外加压术和环扎术，使视网膜脱防的手术治愈率提高到88%。1978年，在全国科技大会上，赵东生的《视网膜手术发展》获国家成果奖。1983年，他提出视网膜脱离有玻璃体视网膜增殖粘连现象，提高了视网膜脱离的诊断水平，并为手术方法的筛选和手术效果的判断提供了依据。20世纪80年代，赵东生创立“赵氏膜分级法”，率先在国内建立视网膜脱离手术病史数据库，为总结经验提供了科学依据。有《眼科手术学》《赵东生视网膜脱离手术学》等专著。

赵东生于1977年至1979年、1981年至1983年被评为上海市卫生局系统先进工作者，1978年被评为上海市先进工作者，1979年6月加入中国共产党，先后获1979、1981、1983、1985年度上海市劳动模范称号，1981年被评为上海市卫生局系统优秀共产党员，1986年获全国五一劳动奖章，曾任上海市第五届至第八届人民代表大

赵东生

会代表、中华医学会眼科学会常务委员、中华医学会上海分会常务理事兼眼科学会副主任委员，1990年7月起享受国务院特殊津贴，素有“东方一只眼”“视网膜脱离手术”之父的美誉。

赵东生家住河滨大楼7楼，距离第一人民医院不远。1959年至1965年，上海市立第一人民医院眼科设在北苏州路410号时，对他来说，上班下班就是楼上楼下，非常方便。他数十年如一日，在河滨大楼和医院之间步履匆匆，使无数患者重见光明。他非常敬业，一直忙碌在临床一线，天天清早到病房，为病人检查、手术，并亲自上门诊解决各种疑难病例，直到83岁因身体原因才停止门诊。他全心全意为病人着想、服务的精神和一丝不苟的工作态度，给人们留下了难以忘却的印象。2006年4月，赵东生病逝于奉献了大半生的上海市第一人民医院，如今的上海市第一人民医院眼科门诊大厅里，安放着他的半身塑像。

1953年1月1日起，由公济医院更名后的上海市立第一人民医院正式启用新院名。1959年，上海市立第一人民医院租得北苏州路410号河滨大楼1至2层，于2月1日把眼科和耳鼻喉科由圆明园路迁来，床位各增至30张，

《东方一只眼赵东生》

北苏州路 410 号门口（彭晓亮摄）

条件大为改善。1965年，眼科和耳鼻喉科迁到武进路85号该院分部。河滨大楼的业务用房暂时改作教学用房，1971年5月起又一度改为门诊部。[15]至今，北苏州路410号河滨大楼部分房屋，仍由上海市第一人民医院作为培训住房使用。

（七）

娄尔行

娄尔行（1915—2000），著名会计学家、教育家，中国会计学理论和教学改革的重要开拓者。

娄尔行祖籍浙江绍兴，1915年生于苏州。1933—1937年负笈国立上海商学院会计系，连续四年成绩第一。毕业后赴美国密歇根大学企业管理研究生院深造，主修会计学，1939年6月毕业，获企业管理硕士学位。1939年至1949年，历任国立上海商学院、私立光华大学、讲师、副教授、教授。1950年起，先后任上海财经学院、上海社会科学院、复旦大学教授，并任上海财经大学会计学系主任、名誉系主任。

据上海市档案馆藏档案记载，解放初的1951年9月，娄尔行由上海财政经济学院聘为会计系副系主任，并经华东军政委员会财政经济委员会同意。[16]据1958年1月2日娄尔行本人填写的上海经济学会会员登记表中，住址为北苏州路400号河滨大楼4楼，当时仍担任上海财经学院教授、会计系副系主任。[17]

娄尔行先后曾任上海市会计学会副会长、中国会计学会副会长、中国审计学会副会长及顾问、中国成本研究会顾问、上海大华会计师事务所董事长、财政部会计准则中方专家咨询组成员，并担任江西财经大学、浙江财经学院等兼职教授和顾问，是当代最有影响的会计学家之一，新会计学科体系的主要创始人。

娄尔行著、编、译成果丰富，有《成本会计学》《工业会计学》《会计原理》《现代会计手册》《资本主义企业财务会计》《基础会计》《财务与会计》《审计学概论》《中华人民共和国会计与审计》《会计审计理论探索》等，获奖无数。

娄尔行积极倡导和参与会计教学改革，在他主持下，上海财经大学的会计教学改革取得了显著成效。20

娄尔行

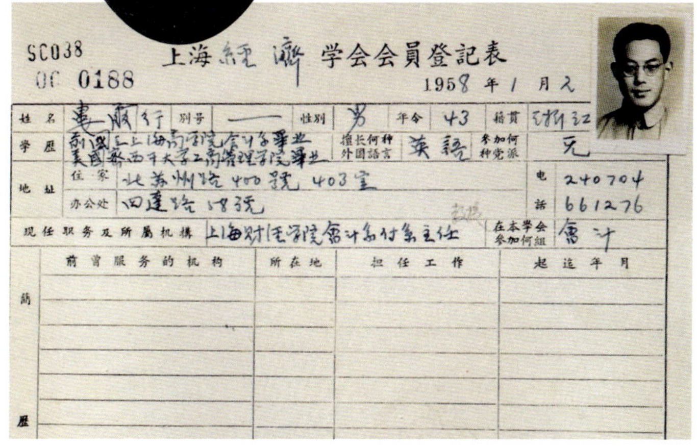

SC038
0C 0188

上海經濟学会会員登記表

1958 年 1 月 2

姓名	婁爾行	别号	—	性别	男	年令	43	籍貫	浙江
学歴	前國立上海商学院會計系畢業 美國密西根大学工商管理学院畢業			擅长何种外国語言	英語		参加何种党派	无	

地址	住家	北苏州路 400 號 403 室	电話	240704
	办公处	四達路 58 號		661276

現任职务及所属机構	上海財經学院會計系付系主任	在本学会参加何組	會計

简歴	前曾服务的机构	所在地	担任工作	起迄年月

1958 年 1 月娄尔行填写的上海经济学会会员登记表，住址为河滨大楼 4 楼

世纪90年代初，为适应当时经济社会新发展，娄尔行作为学校会计系名誉系主任，带领大家打响了会计教学改革的第二次战役。到20世纪90年代中期，上海财经大学会计学科基本形成与国际接轨的新会计学科体系，娄尔行主导创建的新会计学科体系经验和模式在全国财经高等院校中得到广泛推行。[18]

1996年2月2日，《中国农业会计》杂志记者袁兆华专程到河滨大楼4楼娄尔行家，对他进行了专访。娄老的家是什么样子呢？袁兆华记下了他的初印象：“在这间

1983 年，娄尔行在河滨大楼家中给学生授课。左为学生汤云为

客厅里，靠近对面的墙壁摆放着一架钢琴、电视机和冰箱。我坐的这一面是一组沙发和一张放电话用的小桌。沙发后面的墙壁上挂着一幅百寿图。在百寿图的两边有两幅我国著名的国画大师齐白石为娄教授本人和家人所作的画。靠窗一边朝阳的桌子上，一盆盛开的水仙花吐着芳香。”在记者眼中，娄尔行家的客厅是“古朴与现代交融”的。当娄老到达客厅时，记者见到的是“轮椅上坐着一位穿着朴素、风姿端雅、精神矍铄、年迈八旬的老人”。原来，晚年的娄尔行先生患了帕金森病，与小女儿一家同住。但他仍在坚持培养研究生，通过电话约学生到家中授课。记者还描述了娄先生书房的样子：“娄教授的书屋约有十几平米，门与客厅相通，几个大书柜将这间书屋砌成了一道文化长廊。电脑及打印机立在中央，娄教授就是这样夜以继日在这里不停的思索，以他不懈的笔辛勤耕耘的。”[19]

这次访谈，娄尔行先生讲述了自己早年的求学经历。作为国内率先开创用比较方法从事会计研究的学者，他也阐述了“比较会计”的理念，以及20世纪80年代与美国同行开展课题研究，形成他与法雷尔共同主编《英汉、汉英会计名词汇译》一书的历程。对于记者所提的如何加速会计改革进程问题，娄尔行指出：“经济体制改革，要求会计加速发展进程迎上时代的潮流。会计要发展，会计教育也要发展，应以会计理论为方向招收比较会计和国际会计硕士生、博士生，对这些研究生的培养要从高从严，以无愧于博士这一崇高称号。”[20]

娄尔行言行一致，他正是这样身体力行从事会计学教育的。他按照“从高从严”的标准，培养出了不少硕士、博士，他们践行并传承着老师的学术理念，已成为上海、中国乃至世界会计学领域的中坚力量。

2000年，娄尔行因病逝世。多年后，他的学生汤云为回忆起20世纪80年代到河滨大楼老师家上课时的情景，仍然记忆犹新：“我还清楚地记得，每一次去河滨大楼娄先生家听课总是带着一点紧张、兴奋，有点像去参加一场面试。娄先生举手投足不失大家风范，平时不苟言笑，面带几分威严，在师生应答之间表露出对学生的要求，或者指点迷津。我明白娄先生对他门下的每一位学生都要求很严，期许很深，他是爱他的学生的，只是表现的形式与众不同，真所谓爱之愈深，责之愈严。”[21]

张鸣在回忆娄尔行先生温文尔雅、平易近人的性情时，写道：“记得我们学生给先生打电话时必敬称‘娄先生好’，其他任何人也必敬称‘娄教授好’，但先生接听时第一回答必定是：‘对的，我是娄尔行。’每次过年去先生家拜年，先生必定会为我的小孩准备新年礼物，并非常和蔼地与小孩说笑和玩耍，让我和家人都倍感亲切。先生晚年时常要去就医配药，我也常常陪同照顾，当送先生回家离开时，他总会握着我的手反复道谢，更令我对先生敬爱有加。”[22]

（八）

陈念云

陈念云（1924—2011），原名陈燿祖，江苏川沙（今属上海市）人。中国共产党党员，高级记者，曾任中共十二大代表，上海市第七届政协常委，解放日报社原党委书记、总编辑，上海新闻工作者协会原副主席。1992年获国务院表彰的有突出贡献专家学者，享受政府特殊津贴。著有《新闻工作散论》《报苑耕耘五十秋——陈念云新闻作品选》等。2011年8月在上海华东医院病逝。

陈念云1950年毕业于上海民治新闻专科学校，1951年起从事新闻工作，曾在《新闻日报》任记者、财经、经济、政治文教等组组长，获上海市文化界先进工作者称号。1960年后，任《解放日报》农商部副主任、驻浙江省记者站负责人、文艺部主任、评论部主任、副总编

陈念云

辑，1982年当选中共十二大代表。1983年9月至1989年1月任解放日报社党委书记、总编辑，1989年2月后任解放日报社顾问，1995年8月退休。他擅写评论，针砭时弊，说理清晰，曾多次发表文章、讲演，提倡社会主义报纸应给予社会新闻以应有地位。

陈念云非常注重新闻改革，也是以身作则去践行的。据他的老同事周瑞金回忆，1987年《解放日报》进行扩版改版，四版扩为八版。陈念云提出改版扩版旨在"增加信息量，提高可读性，加强群众性"，要做读者的知心朋友或"公仆"，提倡为读者"微笑服务"，以"扎根机关，深入企业，面向社会，走进家庭"为定位目标，使《解放日报》有了更多新鲜、实在、丰富多彩、群众喜闻乐见的新闻报道。当时，《解放日报》就坚持立足上海，兼顾长江三角洲，面向全国，放眼世界，反映了陈念云的开阔视野。在国际新闻报道方面，《解放日报》在头版头条发表布什当选美国总统的新闻，又发表准确预测海湾战争爆发时间的新闻，在当年轰动一时。

1995年8月退休后，因帕金森病行动不便，晚年的陈念云极少出门，但坚持在家读报。每天起床后，除了吃饭，就固定地坐在客厅一角家人特意为他另加了垫子的小沙发上，戴着老花镜，一份不少、一版不漏地翻阅大大小小十来份报纸，以此了解外面千变万化的世界。[23]

2011年陈念云病逝后，早年隔三差五就去河滨大楼陈念云家把盏谈心、后来接任解放日报社总编辑的丁锡满悲痛不已，亲自撰写挽联"一世献新闻革故鼎新功业树碑文光射斗，平生修大德奉公克己品行垂范骨气冲天"，并发表一篇悼念文章，其中写道："陈念云同志留给我们的，不仅是新闻改革的思路和新的办报理念，还有他坚持原则敢说真话的勇气，严以律己宽以待人的作风，严谨认真的工作态度，谦虚谨慎的高尚品德。他是个忠厚长者，总是那么儒雅，那么书生气，那么文质彬彬，那么轻言细语。"[24]

（九）

魏小云

魏小云（1919—2007），浙江嵊县人，著名越剧丑角演员。1933年开始入班学艺，花旦、小生、小丑、老生等行当角色都曾扮演，如饰《陈世美》中的公主，《十八相送》中的梁山伯等。后专工小丑，在勤学苦练中打下扎实的丑角腰腿基本功，成为小丑台柱，曾扮演《棒打薄情郎》中的金大郎，《烧骨记》中的柳文俊等角色，在浙江嵊县、上虞、绍兴、杭州等地演出。1937年至1939年，在宁波参加尹树春领衔的阳春舞台，扮演头肩小丑。1940年春，到上海万商茶楼演出，此后加入天星、全香剧团。1944年9月，参加雪声剧团，任头肩小丑。同年11月，在袁雪芬自编自导自演的时装戏《黑暗家庭》中扮演张夫人，演出了人物恶毒凶狠的性格，在观众中留下了“恶婆婆”的名声。她于1946年在《祥林嫂》一剧中饰演祥林弟，1947年转入东山越艺社，1948年参与电影越剧艺术片《祥林嫂》拍摄。

新中国成立后，魏小云于1951年8月加入国营华东越剧实验剧团。1953年，她在第一部国产彩色影片《梁山伯与祝英台》中，饰演四九一角，声名鹊起。1954年加入中国共产党。1956年，在《追鱼》一剧中，成功扮演乌龟精一角，并于1959年参加该剧的电影拍摄。1960年9月任上海越剧院学馆表演教研组组长，1972年转到上海杂技团学馆工作，1976年办理退休。

魏小云的丑角表演，滑稽而不庸俗，具有冷面幽默的特点。在台下生活中，她的人品、戏德广受同事、同行、邻居等称赞，堪称德艺双馨的艺术家。《新民晚报》记者沈怡筠曾采访过魏小云之女商菱果，在女儿印象中，母亲的同事袁雪芬和范瑞娟当年经常到河滨大楼5楼家里坐坐，“她们聚在一起的时候，我妈妈眼睛里经常有那种少女般的光彩”。幼时的商菱果就在这些越剧艺术

魏小云

1952 年，魏小云（右二）在《梁山伯与祝英台》中饰演四九

家的身边长大，“她演出就把我带着，演完了就把我抱回来，我时常在后台就睡着了”。据女儿回忆，退休后的魏小云依然住在河滨大楼，并且积极参与到居委会的工作中，“居委会里有什么拥军活动，什么活动都会来叫她，而且她也很热情，很喜欢热闹，所以在大楼里，吃饭的时候找不到她的，她到处串门，在人家家里聊天”。因此，在河滨大楼里，时不时会传来“魏同志，魏同志，回来吃饭了”的喊叫声。[25]

20 世纪 80 年代，魏小云在河滨大楼家中作丑角表演示范

向迪琮

（十）

向迪琮

向迪琮（1889—1969），字仲坚，号柳溪、玄晏堂，四川双流人，中国同盟会会员，大学教授，工书法，善词学，又精通医道。

清末，向迪琮在成都四川铁道学堂学土木工程，毕业后入唐山路矿学堂。21岁加入中国同盟会。1912年起，先后任北京内务部土木司水利科科长，扬子江技术委员会书记长，北平永定河堵口工程处秘书、处长，电车公司常务董事，行政院参议，1948年任天津海河工程局局长。1949年回四川，任四川省政府高级顾问，四川大学文学院中文系教授，四川大学工学院土木工程系教授、系主任。1954年以后，任上海市文史研究馆馆员，住河滨大楼3楼。

向迪琮知识渊博，除自然科学外，文史和医学均有所涉猎。喜收藏金石书画，藏有宋代蔡君谟端砚一方、辛弃疾手札及名画多幅，尤喜藏古今名墨，曾将二锭康熙旧墨馈赠陆枫园，又由陆枫园转赠著名书法家沈尹默。所藏曹素功自制的“挥毫落纸似云烟”墨一锭，后为郑逸梅所得。

向迪琮著作颇富，有《柳溪长短句》及《续录》，《柳溪词话》《云烟回忆录》《玄晏室知见墨录》《国医经脉图介及其主要用药概况学》；辑录有《历代名贤画粹》《玄晏室画集》《中医文献》等，校订有《韦庄集》。1969年病逝于上海。

（十一）
黄亚成

黄亚成，1905年出生，早年就读吴淞水产学校，1929年在上海法学院法律系学习时加入中国共产党。1938年任大丰盐垦公司法律顾问，曾受陈毅、粟裕委托，参与将当地保安警察队改编为新四军苏中警卫团，海防团改编为新四军海防大队。新四军进驻大丰地区后，曾担任东台警卫团团长，台北县（今盐城市大丰区）副县长、县长，苏中区大中特区公署主任，台北独立团团长等职。1948年冬，黄亚成任扬州市副市长。1949年上海解放后，由上海市军事管制委员会派遣，参加接管上海鱼市场、渔业管理处、中央水产实验所，后任上海水产公司经理、华东水产管理局秘书处处长。1950年初奉调至上海水产专科学校，1951年4月任该校副校长，1952年起，先后任上海水产学院副院长、院长。

黄亚成1983年离休后，上海水产学院为照顾他和老伴蒋新民，为其安排了河滨大楼的一套住房。他勤于研读革命理论原著，在家中起居室的大书柜里收藏了整套的马克思、恩格斯、列宁和毛泽东等著作，被公认为知识型的新四军老干部。[26]

（十二）
杨福家

杨福家，1936年6月生，浙江镇海人。中共党员。中国科学院院士，发展中国家科学院院士。曾任复旦大学副校长、校长，上海市科协主席，中科院原子核研究所所长，中国科协副主席，英国诺丁汉大学校长，宁波诺丁汉大学校长。著名科学家、教育家和社会活动家。2012年1月被聘任为中央文史研究馆馆员，2017年1月转为资深馆员。

在杨福家记忆中，李政道夫妇与谢希德的来访，是20世纪八九十年代他在河滨大楼居住时难以忘怀的时刻。1989年9月17日，李政道、秦惠箬夫妇造访杨福家位于河滨大楼四楼的家，晚餐时，杨福家在家中备了十几个菜款待客人，并合影留念。

在谈到谢希德的人格魅力和对自己的影响时，杨福家回忆道："1990年，我没想到谢先生会亲自到我家来找我，劝我进学校的领导班子。当时我住在四川北路的河滨大楼，楼梯是坏的，走廊很长、很暗。谢先生因为患股关节结核病，腿脚一直很不好。而且在那时候，担任行政职务对很多搞科研的人来说，算是负担。没想到谢先生会为了这件事情亲自到我家来。在她慈祥面容的感召下，看着她拖着不灵活的腿脚走过我们家那条昏暗的走廊时，我一个小字辈的人，深为她对下一辈人的关爱、对事业的关心激动不已。"[27]

正是谢希德的这次家访，她的真诚深深感动了杨福家，促成了杨福家答应担任复旦大学副校长一职。1991年5月至1993年2月，杨福家在分管科技与科技开发的副校长任上，锐意改革，表现出极强的组织能力和担当精神，使当时的复旦大学阔步走在中国高校改革的最前沿。[28]

杨福家

谢希德

1989 年，杨福家（右一）在河滨大楼家中
接待李政道夫妇（《从复旦到诺丁汉》）

二、办公

1955年2月，44岁的复旦大学历史系教授谭其骧奉命到北京，主持重编改绘杨守敬《历代舆地图》工作。1957年起，该项工作由北京转移至上海进行。谭其骧在日记中写道，他于1957年1月13日夜回到上海。21日起，他就开始在新华地图社上海办事处租下的河滨大楼工作室，全身心投入到继续编绘历史地图的浩繁工作中。[29]

1956年12月底，中国科学院历史研究所实习研究员邹逸麟和王文楚回到上海，1月就去河滨大楼找谭其骧教授报到。邹逸麟在其晚年口述中回忆道："1957年1月23日，我去北苏州路上的河滨大楼报到，跟随谭其骧先生编撰《中国历史地图集》，我的学术生涯由此起步。"[30]当时这套图要由新华地图社出版，就由新华地图社上海办事处在河滨大楼的四楼租了房间作为编图室。这个房间是四楼几室呢？据邹逸麟回忆："1957年1月我和王文楚兄一起从北京中国科学院历史研究所随季龙师来沪参加图集工作，报到的地点是北苏州路上的河滨大楼某号412室，这是一套两室户的老式公寓，两间宽大的工作室，加起来大约有60余平米，外加一个宽敞的阳台，都面向苏州河，厨房和卫生间都很大，工作、生活都比较方便。"[31]对于当时年仅21周岁的邹逸麟来说，在河滨大楼工作的日子，是他稳打稳扎开启历史地理学研究的重要起点："谭先生要求我们根据《大清一统志》编制清代行政区域表，让我们从这部检索历史地名的工具书着手，学会查阅古地名。不久又让我们参加西晋图政区表的编制，我开始接触正史地理志，逐渐进入沿革地理学的大门。"而且在河滨大楼上班，对邹逸麟来说也是一大便利："我家住在江宁路，过去到河滨大楼上班，坐19路电车仅几站即直达。"他在口述中曾表示，跟着谭其骧改变了一生的命运，"我这一生很幸运，改变了后半生"。

谭其骧

《谭其骧日记》

据王文楚回忆，当时在河滨大楼这套两居室中，“参加编图的是其骧师和章巽、吴应寿、邹逸麟、王文楚五人，绘图人员是地图出版社的时德涵、刘思源、慎安民三人”。（邹逸麟回忆，除以上八人外，还有复旦历史系派来学绘图的资料员郑永达，另有一位新华地图社派来的中年妇女担任勤杂工作。）1957年9月，编图工作组迁至复旦大学校内。“不论是在河滨大楼和校内，其骧师勤于所事，乐之不倦，每天都来工作室编图，成了常规，这在全校著名教授中，是独一无二的。1958年‘大跃进’时，他和全体同志一样，除每天上班外，还加夜班，一天三班，以室为家，不论寒冬和酷暑，坚持不懈，这在当时著名教授中更是罕见。”[32]

从1957年1月至9月，谭其骧与编图组同人在河滨大

谭其骧与邹逸麟

楼4楼持续工作了八个月。时间虽不算太 长，却是这项工作在上海继续开展的发端，颇具意义。《中国历史地图集》编纂工作持续33年，直至1987年才全部公开出齐，先后参加编稿者100余人，是“新中国成立以来，在人文社会科学领域里，历时最长、工程规模最宏大的一项工作”。[33]回望初期的筚路蓝缕，百转千回，不由令人唏嘘。长水悠悠，苏州河畔的河滨大楼，因为这个渊源，也见证了新中国学术文化事业的发展历程。

注 释

1、郑重：《谢稚柳系年录（八）》，《上海文博论丛》2012 年第 1 期。
2、郑重：《谢稚柳系年录（十）》，《上海文博论丛》2014 年第 2 期。
3、陈祖德：《超越自我》，中华书局 2009 年版。
4、朱伟：《上海滩棋人棋事》，上海文化出版社 2016 年版。
5、赵之云：《围棋春秋》，上海书店出版社 1994 年版。
6、上海市档案馆藏档 Q246-1-163。
7、指上海财经学院。
8、徐之河：《百岁回眸：变迁与求索》，上海社会科学院出版社 2016 年版。
9、徐之河：《抗战时我在重庆的蜗居生活》，《世纪》杂志 2012 年第 3 期。
10、刘九生：《唐振常：精神与思想》，《中学历史教学参考》1994 年第 10 期。
11、何倩：《在历史中求史识：访唐振常先生》，《文汇读书周报》1999 年 10 月 2 日。
12、韩石山：《三界通才唐振常》，《名作欣赏》2009 年。
13、郭在精：《海上吟留别》，上海远东出版社 2011 年版。
14、熊月之：《文史两栖一通才——悼念唐振常先生》，《百年潮》2002 年第 3 期。
15、《上海市第一人民医院院史》编纂委员会编：《上海市第一人民医院院史（1864—2014）》。
16、上海市档案馆藏档 Q246-1-163。
17、上海市档案馆藏档 C43-2-270-38。
18、喻世红、陈玉琴：《娄尔行：会计学泰斗的两次教改》，《中国教育报》2019 年 9 月 3 日。
19、袁兆华：《辛勤耕耘岁月悠——访中外著名会计理论家娄尔行》，《中国农业会计》1996 年第 6 期。
20、袁兆华：《辛勤耕耘岁月悠——访中外著名会计理论家娄尔行》，《中国农业会计》1996 年第 6 期。
21、《共忆著名会计学家娄尔行教授》，《财务与会计》杂志 2015 年第 24 期。
22、《共忆著名会计学家娄尔行教授》，《财务与会计》杂志 2015 年第 24 期。
23、周瑞金：《社会主义新闻改革呕心沥血的探索者——深切悼念陈念云同志》，《新闻记者》2011 年第 10 期。
24、丁锡满：《陈念云同志，天国快乐》，《解放日报》2011 年 9 月 3 日。
25、沈怡筠：《历经八十三载风雨，河滨大楼温情如初》，《新民晚报·家庭周刊》2018 年 8 月 15 日。
26、黄明敏：《从戎马生涯的革命者转型为高等教育的开拓者——忆新四军老干部黄亚成》，《新四军研究》第 7 辑。
27、杨福家：《从复旦到诺丁汉》，上海交通大学出版社 2013 年版。
28、霍四通：《博学笃行 福家报国：杨福家传》，复旦大学出版社 2018 年版。
29、葛剑雄编：《谭其骧日记》，广东人民出版社 2013 年版。
30、邹逸麟口述，林丽成撰稿：《邹逸麟口述历史》，上海书店出版社 2016 年版。
31、邹逸麟：《〈中国历史地图集〉工作琐忆》，《历史地理》第 21 辑，2006 年。
32、王文楚：《纪念谭其骧先生》，《历史地理》第 21 辑，2006 年。
33、邹逸麟：《〈中国历史地图集〉工作琐忆》，《历史地理》第 21 辑，2006 年。

EMBANKMENT BUILDING

河　滨　大　楼

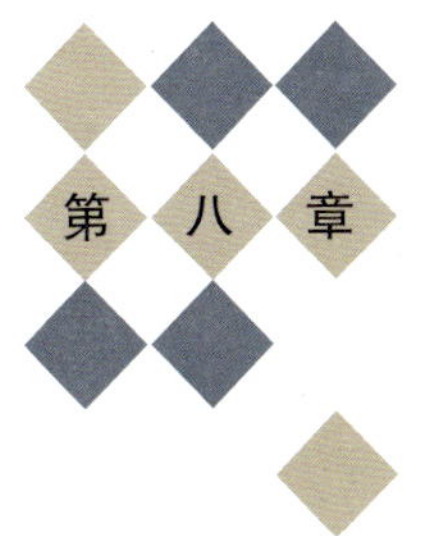

记忆中的河滨大楼

一、上海最早的里弄托儿所

上海解放之初的1950年，河滨大楼的临时托儿所成为上海最早的里弄托儿所。当时因“二六”大轰炸，一些父母外出工作，家中无人照看的孩子被轰炸声吓得大哭大叫。河滨大楼的里弄干部便不顾危险，把他们集中起来，加以照顾，使孩子们安定下来。当心急如焚的父母回到家，见孩子安然无恙，对里弄干部非常感激。于是，河滨大楼的临时性托儿所就延续下来了。当时的上海市民主妇女联合会认为此举很是有效，将其作为典型向全市推广，很快掀起了大办里弄托儿所的热潮。[1]

1952年，河滨大楼正式成立幼儿园，名为河滨幼儿园。据张以晶回忆，该幼儿园最初是在二楼227室。[2]

1957年，上海纺织器材工业公司为解决职工子女入托儿所难的问题，希望能把孩子们寄托在河滨幼儿园。对于这一恳求，幼儿园表示同意，但限于场所狭小无法容纳，希望能扩充房屋。与幼儿园相邻的人家也表示，若河滨大楼内有其他房屋可搬走，愿意把自己房子让出。因此，这年5月，上海纺织器材工业公司专门致函虹口区房屋管理所，请求房管所调拨河滨大楼房屋一间。[3]

20世纪50年代末，河滨幼儿园有工作人员16人，都是住在河滨大楼的家属，先后曾获虹口区三八集体、1957年上海市保健方面先进单位等荣誉，在1959年春季评比中，获虹口区先进单位称号。当年，河滨幼儿园的副站长李彩瑾是浙江定海人，住在5楼，1952—1955年曾是河滨居委会福利委员会委员，1956年6月起做了河滨幼儿园教养员，1957年当选上海市里弄托儿所优秀保育工作者，1958年作为代表前往北京，参加了全国妇女建设社会主义积极分子大会。1958年时，上海市区已有公立幼儿园506个，各类托幼机构2055个，收托儿童96000余人，保教人员有2万人。1959年，上海市已有2542个托儿所（站），收托儿童14万余人。[4]

据1980年12月撰写的一份《河滨幼儿园主要工作情况汇报》，我们可知当时河滨幼儿园的概况：性质属于民办幼儿园，有10个班级，360名小朋友，工作人员37人，收托儿童从18个月到学龄前，全托儿童占30%。幼儿园三个负责人中，一个是青年，一个提拔不到两年，加上会计、保健、教研组长、治保委员，组成核心小组。负责人努力学习弹琴、绘画、保健等业务知识，学习有关幼儿教育的理论和经验，并经常听课，与其他教师一起备课，帮助制作教具等。[5]

1984年，河滨幼儿园开展24小时为家长服务，有10个班级，共380余名儿童。以日托为主，一直坚持开办全托班，主要收父母做三班制而家中无老人，或老人体弱多病无法照料孩子的儿童全托，开展“临时全托”、临时加餐、延长接送幼儿时间等服务项目。通过人性化服务，小朋友可早些到幼儿园，可晚走，一般从早上六点到晚上八点左右，都有家长接送孩子。过了八点仍不来接的，就安排临时全托，免除家长的后顾之忧。有的家长不能来接，幼儿园有时会安排工作人员下班时，顺便把孩子送回家。幼儿园还为孩子解决理发困难，为买不到合适鞋子的小朋友做棉鞋，给有病的孩子打针服药，

20 世纪 70 年代的苏州河与河滨大楼（哈里森 · 福尔曼摄）

烧病号饭菜等，赢得了家长的信任、满意和赞扬。[6]

时隔数十年之后的2019年3月，从小长在河滨大楼，共同在大楼里的河滨幼儿园一起玩耍嬉闹，又一起就读上海市第五中学的同窗们，汇聚河滨大楼217室，这个房间正是他们幼时上幼儿园的所在。用他们自己的话形

容，是“一群同在‘河滨’怀抱中长大的孩子”。

如今，上海的幼托事业蓬勃发展，日新月异。抚今追昔，70多年前，河滨大楼临时托儿所在解放初期“二六”轰炸中救急于危难的开创之功，值得铭记。

西望河滨大楼（秦战摄）

由河滨大楼内东眺（秦战摄）

二、河滨大楼印象

新中国成立初期，河滨大楼楼顶作为上海的一个重要制高点，塔楼中曾经驻扎着一支解放军。对此，河滨大楼的老居民们是记忆犹新的。张以晶在《河滨大楼忆旧》一文中写道："50年代时，为了应对可能的空袭，曾经在大楼屋顶，驻扎了一个排的解放军防空部队，大概有三、四门高射机关炮，通过718室外面走廊的窗口，可以看到机关炮的四联式炮管，平时是用炮衣盖着的。部队的营房，就是屋顶塔楼中的8楼一套公寓，这个套型还有9楼，仅此2套。念小学时有个同学家住9楼，曾经到她家客厅里的学习小组做功课，因为是塔楼，四面有窗。部队每周有一天，在营房客厅里放映电影，向居民开放，当时尽是些孩子去凑热闹，地方不大容纳有限，连演多场，仍不能满足孩子们的需求。8楼、9楼是没有电梯通达的，要从7楼718室外面公共走廊凸出部位，一个弧形楼梯上去。记得为了看电影，我也去过一次，楼梯上挤满了大大小小的孩子，等在门外排队，挤得水泄不通，大呼小叫的，我到最后也没能挤进去。唯一一次进解放军营房看电影，是上227室幼儿园时，由老师带领我们去看的，我还依稀记得看的是王心刚主演的《寂静的山林》。"[7]

凡是住过或去过河滨大楼的人，都会有一个深刻印象，即大楼的走廊特别狭长，光线不足，又无廊灯，格外幽暗。在上海市银行博物馆馆长黄沂海记忆里，河滨大楼是他幼时与小伙伴玩捉迷藏的地方："大楼过道，狭长，蜿蜒，昏暗，幽深，神秘而恐怖。读小学时，很多同学住在这幢大楼里，有一回我和同学在过道玩'捉迷藏'游戏，仿佛遭遇'鬼打墙'，怎么也找不着出口。至今想来，仍有几分后怕。"河滨大楼是高级知识分子荟萃之所在，黄沂海回忆童年去河滨大楼同学家时，至今感慨不已："同学当中颇多高知家庭，我在同学家里第一

北苏州路 400 号河滨大楼门厅（秦战摄）

河滨大楼斑驳的旧窗（秦战摄）

20 世纪 70 年代远眺河滨大楼
（哈里森·福尔曼摄）

河滨大楼内幽暗的走廊（秦战摄）

河滨大楼内狭长深邃的走廊（秦战摄）

次喝可可茶，第一次走打蜡地板，第一次看到电视机，好像在放朝鲜电影《金姬和银姬的命运》……”

生于河滨大楼，长于河滨大楼的上海广播电视台一级编辑、作家徐策，对河滨大楼的历史不断挖掘探究，并对大楼里的人物和故事进行了采访梳理，以此为原型创作了长篇小说《魔都》，以文学作品形式保留了独特的记忆。正如徐策所说：“河滨大楼像上海许多有历史感的公寓大厦一样，见证了沧桑巨变，宠辱不惊。寓居其间的人们，在时代大背景下则是沉浮荣枯总关情，福祸相倚，顺逆互伏，上演了一幕幕悲喜剧。我要做的，只是把曾经发生、正在发生、将要发生的故事原原本本地呈现在人们眼前。”[8]

河滨大楼内电梯厅的过道门窗（朱梦周摄）

河滨大楼内的门锁（秦战摄）

在苏州河南岸看河滨大楼（彭晓亮摄）

三、纪录片与影视剧拍摄地

2015年，上海电视台纪实频道推出百集微纪录片《上海100》，每集6分钟，其中有一集就是《河滨大楼》。这集微纪录片的主人公是一位住在河滨大楼的美国人何明凯，他是跨国公司的老板，精通汉语，在河滨大楼里充当了洋房客与居委会之间沟通桥梁的角色。“现在这里居住着700多户居民，楼里住着南下干部、老板、教授、打工妹……年龄分布上，有100多岁的老人，也有刚出生的婴孩。来自不同国籍、不同职业、不同肤色的人们在这里‘五方杂处’。”[9]

2017年6月，上海电视台新闻综合频道“上海故事”栏目播出《河滨大楼往事》，把20世纪30年代河滨大楼的影像资料融入其中，更加引起观众的震撼与共鸣。

近年来，《姨妈的后现代生活》《何以笙箫默》《蜗居》《我的前半生》《三十而已》等一系列热播影视剧，皆在河滨大楼取景拍摄，在荧屏中唤起了观众对河滨大楼更浓厚的兴趣。许多粉丝纷纷前往河滨大楼打卡。河滨大楼无疑已成为网红之地。

自1930年年底开工建设算起，迄今河滨大楼已历经90年风雨沧桑。1994年2月15日，上海市人民政府公布河滨大楼为上海市优秀历史建筑。据官方报道，如今的河滨大楼，因房屋结构老化严重，墙面、入户大厅、楼电梯间等均有不同程度的损坏，多户人家合用的厨卫公共区域更是设施老旧，私搭私建情况较多，存在一定的消防安全隐患，甚而由于管线老旧堵塞，部分楼上居民家的生活污水难以及时排出，导致楼下屋面渗水情况普遍的情况，影响了人民生活。

2020年上半年，上海市虹口区房管局以苏州河滨水岸线贯通提升改造为契机，会同虹房集团，聘请专业设计单位对河滨大楼开展前期调研，并制定了保护性修缮方案。2020年11月，河滨大楼保护性房屋修缮工程正式

2007 年上海电视台新闻综合频道播出《河滨大楼往事》

《河滨大楼往事》播出的河滨大楼历史影像资料

启动。

2020年12月，随着苏州河虹口段正式贯通，与之配套的滨河绿地改造相辅相成，其中的河滨大楼星空花园也精彩呈现。全新亮相的“最美河畔会客厅”，与上海北外滩“世界会客厅”相映成辉。待河滨大楼重新揭开“美容”后的面纱，将为上海，为中国，为世界增添新的亮色！

河滨大楼内狭长幽暗的走廊，墙面斑驳（秦战摄）

河滨大楼内的楼道与电梯厅（秦战摄）

河滨大楼内陈旧的橱柜（秦战摄）

2020 年 12 月，已开始修缮的河滨大楼门口（秦战摄）

航拍河滨大楼之一（袁寅摄）

航拍河滨大楼之二（袁寅摄）

2020 年冬日已搭起脚手架的河滨大楼（秦战摄）

注 释

1、薛素珍：《记五十年代的妇联儿童工作》，上海市妇女联合会：《上海妇联四十年纪念专辑》（《上海妇女》增刊），1990年。
2、张以晶：《河滨大楼忆旧》，引自百度文库。
3、上海纺织器材工业公司致虹口区房屋管理所：《为要求申配河滨大楼房屋一间由》，1957年5月20日，上海市档案馆藏档B99-2-59。
4、薛素珍：《记五十年代的妇联儿童工作》，上海市妇女联合会编：《上海妇联四十年纪念专辑》（《上海妇女》增刊），1990年。
5、上海市档案馆藏档B315-2-9。
6、上海市档案馆藏档C31-6-277。
7、张以晶：《河滨大楼忆旧》，引自百度文库。
8、徐策：《我写〈魔都〉的初衷》，《上海采风》2017年第2期。
9、黄新炎：《纪录：让我们与自己相遇——微纪录片〈上海100〉简评》，《当代电视》2018年第1期。

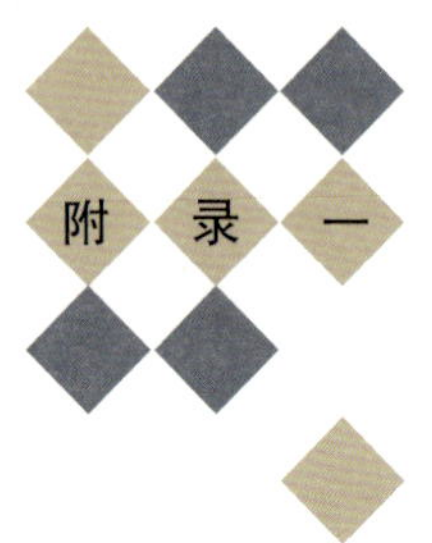

大事记

据1884年点石斋绘制的《上海县城厢租界全图》标识，当年的河滨大楼原址曾有宝泰里、宝康里两个里弄。

1886年开业的东和洋行，位于铁马路（今河南北路）、北苏州路交叉口，由日本侨民吉岛德三夫妇创设，是上海最早的日本旅馆。东和洋行原址，即后来的河滨大楼西面靠近河南路桥的一端。

1887年以前

包括河滨大楼所在的大部分地块，属于徐润所有，后售予英商业广地产公司。

今河滨大楼东端，曾是哈同、罗迦陵住宅原址。

1930年年初

新沙逊洋行与公和洋行签订河滨大楼建筑设计合同，与新申营造厂签订建筑施工合同。

1930年上半年

公和洋行完成河滨大楼建筑设计。

1930年6月1日

河滨大楼设计效果图刊登在英文报纸《北华星期新闻增刊》。

1930年年底前

新沙逊洋行将宝康里拆除。

1930 年年底

河滨大楼开始动工建设。

1931 年 6 月

河滨大楼已建至第 5 层。

1931 年年底前

从事进出口生意的昌明行（Sino-Foreign Import & Export Co.）预订河滨大楼办公室。

1932 年上半年

河滨大楼建成竣工。

1932—1934 年

美国《纽约时报》驻沪代表安培德（Hallett Abend）在河滨大楼办公。

1932—1935 年

联利影片有限公司（Puma Films, Ltd.）在北苏州路 384 号河滨大楼办公。

1932 年下半年起

联合电影公司（United Theatres, Inc.）在河滨大楼办公。

1932 年下半年起

日 华 蚕 丝 株 式 会 社（Nikka Sanshi Kabushiki Kaisha, Ld.）在河滨大楼办公。

1932—1934 年

谦义公司（Khawja Commercial Agency）在北苏州路 410 号河滨大楼办公。

1932 年年底

米高梅影片公司驻华办事处（Metro-Goldwyn-Mayer of China）入驻河滨大楼 138—141 室开始办公。

1933 年 3 月

京沪沪杭甬铁路管理局迁至河滨大楼底层、一层办公。

1933 年上半年起

中国出版社有限公司（China Publications, Ld.）在北河南路 20 号河滨大楼办公。

1933 年上半年起

康记公司（Kingshill Trad' g Co.）在河滨大楼办公。

1933 年 7 月 5 日晚

鲁迅应邀到河滨大楼 204 室，在伊罗生（H. R. Isaacs）寓所晚餐。

1933 年 9 月 5 日晚

鲁迅在河滨大楼伊罗生寓所会见出席世界反对帝国主义战争远东会议的法国代表瓦扬·古久里。

1933 年 10 月 1 日

养生贸易公司（S' Cross (Trad') Co.）迁至北苏州路 384 号河滨大楼，该公司专营进出口业务，原在南京路大陆商场 350 号。

1933 年 10 月 25 日、28 日、30 日

寓居河滨大楼 607 室的外侨女教员在《申报》刊登求职儿童家教的广告。

1933 年 12 月至 1939 年

救世军（Salvation Army (The) (Men' s Hostel)）办事处在北苏州路 422 号河滨大楼办公。

1934 年 2 月 21 日

京沪沪杭甬铁路管理局车务处处长郑宝照升调北宁铁路局副局长，车务处副处长谢文龙调任杭江铁路局，当日办理交接，并在河滨大楼合影留念。

1934 年

澳大利亚旅行社（Australian National Travel Assn.）在北苏州路 384 号河滨大楼办公。

1934 年

新西兰政府商务驻华代表（New Zealand Govt., Dept. of Industries and Commerce）在北苏州路 384 号河滨大楼办公。

1934 年

福建洋行（Reiss & Co., Francis J. H.）在河滨大楼办公。

1934—1941 年

谋利洋行(Sino-Aryan Trad' Co.)在河滨大楼 123 室办公。

1934 年下半年

华纳第一国家影片公司（Warner Bros. First National Pictures, Inc.）入驻北苏州路 400 号河滨大楼 135—137 室，1936 年年底迁至 109—112 室，1938 年搬离河滨大楼，至博物院路 142 号。

1934—1939 年

孔雀电影公司（Peacock Motion Picture Corp.(Inc.)）在北苏州路 404 号河滨大楼办公。

1935 年 12 月 23 日

京沪沪杭甬铁路管理局会计处职员徐聚金在楼内走廊遭劫，被抢去该局薪金款 4200 余元。

1935 年

太平洋新闻社（Pacific Press Service）在北苏州路 410 号河滨大楼办公。

1935—1941 年

美星洋行（Atmasingh, B. D.）在北苏州路 410 号河滨大楼办公。

1936 年 5 月 16 日

京沪沪杭甬铁路管理局副局长何墨林至河滨大楼就职视事，原副局长吴绍曾调任津浦路管理局副局长。

1936年7月9日

铁道部参事张慰慈至河滨大楼视察京沪沪杭甬铁路管理局。

1936年9月26日起

京沪沪杭甬铁路管理局各部门陆续由河滨大楼迁往北站界路（今天目东路）的新大厦办公。

1936—1937年

惠白（Webb, B. Monteith）在河滨大楼办公。

1937年至1941年

环球影片公司（Universal Pictures Corp. of China）在河滨大楼136室办公。

1937年9月3日

《申报》报道河滨大楼也有日本兵，经该报记者实地调查后，4日《申报》予以更正“河滨大厦并无日兵”，但“乍浦路桥及北苏州路河滨大厦等处，亦均有流弹堕落爆炸”。

1937年11月23日

英国侨民Cherry Kennedy女士登报声明迁居河滨大楼326室。

1938—1941年

雷电华影片公司（RKO Radio Pictures of China, Inc.）在北苏州路404号河滨大楼办公。

1938年

高格德（Gaug, Benno）在河滨大楼办公。

1938年

大批欧洲犹太难民死里逃生，纷纷涌入上海避难，身为犹太人后裔的维克多·沙逊无偿将大楼部分房间让出，作为上海犹太难民接待站。

1939年1月15日

来自欧洲的犹太难民抵沪，240人暂住河滨大楼。据1939年1月17日《申报》转译英文《大陆报》消息，“抵沪者大半来自柏林与维也纳，且大多数衣衫都丽，携带大量行李，多为店主、职员与商人等”。

1939 年 8 月 30 日

《大美晚报》编辑朱惺公在河滨大楼旁遭枪杀身亡。

1939 年 9 月起

河滨大楼划在日军防区之内。

1939 年 11 月

设在河滨大楼 416 室的日昭公司，专营上海和外埠长江各口岸、苏浙皖及华北水陆运输，并代客合作采办各省土产，包括米、麦、棉花、蛋、五金、丝茧、烟、茶、皮革、麻、畜类禽毛、油类、建筑材料、家具等业务，兼营国外进出口及土木建筑业务。特别注明客户走北苏州路 410 号门口不用出入证。

1939—1941 年

大桥公司（Ohashi Trad' g Co.）在河滨大楼办公。

1939—1941 年

翻译事务所（Translation Bureau）在河滨大楼办公。

1940 年 4 月 6 日夜

河滨大楼 417 室仅有女婴与一只狗在家，忘记断电的电熨斗引起火灾，邻居葡萄牙人及时叫救火车将火扑灭。

1940 年 4 月 11 日

住在河滨大楼、为大楼里的犹太难民办理伙食的捷克女侨民海丝，在虹口菜场附近被日本人绑架并打伤。

1940 年 6 月 30 日

设在河滨大楼 158 室的爱德乐邮票公司在《申报》发布广告。

1940 年 7 月

上海公共租界工部局修订办法，规定准备领取进入公共租界许可证的欧洲犹太难民，需要通过设在河滨大楼 177 室的救济旅沪欧洲犹太籍难民委员会代向工部局巡捕房申请。

1940 年 7 月 22 日

上海万国商团司令亨培上校发布命令，住在河滨大楼的万国商团团员出入不得便衣携带枪械。

1940年11月25日

英商新沙逊洋行在《申报》警告承租河滨大楼174室的鼎华公司及其经理乐醒白、林茂，该公司1940年8月31日租期已满，欠下房租未缴，并将屋内属于新沙逊洋行的物品及房屋钥匙私自带走。

1940年11月30日

设于河滨大楼173室，自称“不偏不倚，正民众之视听，立场公正，尽报道之天职”的《上海时报》，在《申报》发布副刊“明灯”征稿启事，辟有“名人轶事”“电影戏剧”“长短小说”“各地风光”“文艺杰作”“宫闱秘闻”“掌故史料”“科学常识”“社会素描”“精悍小品”等栏目。

1940年

美利火油公司（Idemitsu & Co.）在河滨大楼办公。

1940年

开利电气冰箱公司（Kelvinator-China）在河滨大楼113—114室办公。

1940年

林大洋行（Rindia & Co.）在河滨大楼办公。

1940—1941年

国泰陶业有限公司（Cathay Ceramics Co., Inc.）在北苏州路410号河滨大楼办公。

1940—1941年

开达洋行（Strome & Co.）在北苏州路400号河滨大楼办公。

1940—1941年

维利广告公司（Advertising Service）在河滨大楼办公。

1940—1941年

福佛兰医师（Fackenheim, Dr. Willy, M.D.）在河滨大楼办公。

1940—1941年

开发药厂（Chepha Wks.）在北苏州路400号河滨大楼

办公。

1940—1941 年

哥伦比亚影片公司（Columbia Films of China, Ld.）在北苏州路 340 号河滨大楼办公。

1940—1941 年

联美影片公司（United Artists Corp.）在河滨大楼办公。

1940—1941 年

联丰贸易公司（United Trad' Co.）在北苏州路 370 号河滨大楼 158 室办公。

1940—1941 年

中孚行（Merchants & Traders Co.）在河滨大楼180室办公。

1940—1941 年

华英建筑工程有限公司（Sino-British Eng' Corp., Ld.）在北苏州路 410 号河滨大楼办公。

1940—1941 年

买雅医师（Mayer, Dr. Hanns, M.D.）在河滨大楼办公。

1940—1941 年

发达织染公司（Textile Development Co.）在河滨大楼 159 室办公，1941 年 2 月 6 日在《申报》发布招聘推销经理的广告。

1941 年 4 月 10 日起

按照租界关于节省电力的规定，河滨大楼通知所有住户，凡是下楼，或上楼到下面三层，一律步行，限制使用电梯。

1941 年 5 月 18 日

设于 125 室的德昌股份有限公司及其经理刘鸿宾在《申报》发布声明，与该公司原雇员、其侄刘茂森脱离一切公私关系。

1941 年 10 月 25 日

169 室写字间煤气表爆炸，经救火会及时扑灭，无大损失。

1941年

加拿大物产公司（Canadian Products Co.）在北苏州路410号河滨大楼办公。

1941年

出光公司（Idemitsu & Co. (China), Ld.）在北苏州路410号河滨大楼办公。

1941年

美康公司（Malcon & Co.）在北苏州路370号河滨大楼办公。

1942年5月5日

住在432室的三名女外侨遭三名暴徒抢劫，损失贵重首饰及衣服等，罪犯逃逸。

1942年5月25日

榎木眼镜制片公司亲和洋行迁至126A室，6月2日在《申报》发布迁址公告。

1942年12月28日

林大洋行在《申报》刊登国王牌葡萄酒广告。

1943年5月30日、6月4日

设于138室的“中华电影联合股份有限公司”在《申报》刊登招考巡回放映部电影宣传工作人员广告。

1943年12月18日

设于155室的《新东亚月刊中国儿童新报》在《申报》发布招聘女事务员广告。

1945年7月4日

总行设于1270室的虞海快轮在《申报》刊登广告。

1945年12月9日

英国红十字会在河滨大楼举行第一次圣诞宴会，款待从上海日军集中营中获释的14岁以下儿童。

1946年2月10日

《申报》报道称，联合国善后救济总署，原与行政院善后救济总署一起在日本三井株式会社旧址办公，已决定于2月中旬迁往河滨大楼办公。

1946年2月17日

联合国（驻华）善后救济总署在《申报》发布通告，已迁至河滨大楼办公，上海分署仍在福州路120号原址办公。

1946年2月21日

住在429室、曾任中国学校教师的女性英侨Solomon（沙罗门）在《申报》发布教授英语会话的招生广告。

1946年4月12日

2月下旬到中国视察善后救济工作的联合国善后救济总署署长代表摩尼在河滨大楼召开记者招待会，由中国区署长凯泽陪同回答记者提问。

1946年4月

上海市轮渡公司筹备处开始在北苏州路434号河滨大楼办公。

1946年8月9日

筹备处设于183室的裕生实业股份有限公司在《申报》发布招股公告，主要经营投资实业、加强生产、经理国内外名厂出品、代理运输报关保险等业务，发起人包括毛洪钧、朱公甫、沈云龙、施成仪、陈启民、项利康、张鉴荣、刘康衢、潘海均、王滨、池铁民、邵葆元、施惠民、陈致平、郭茂谦、张耀邦、潘仁希、顾琦、朱启明、余洵、金泰安、陆锡成、曹永昌、郭子颐、邓本、殷人杰，赞助人有林虎、杨虎、王晓籁、范争波、谭澹如、顾竹祺、丘子佩、黄光禄、董汉槎、刘攻芸、吴开先、章伯钧、刘师舜、李仲干、沈仲股、谭海秋、胡积安、顾中一，朱启明担任筹备主任，余洵、邵葆元、施成仪、郭茂谦为筹备员，由中国实业银行、江苏省农民银行上海分行、中国企业银行、江苏省农民银行上海分行宝山办事处代收股款。

1947年3月4日、23日

设于河滨大楼的震旦机器铁工厂无限公司总管理处在《申报》发布震旦药沫灭火机、钻石牌油炉广告。

1947 年 4 月 4 日

设于 147 室的交通部铁路总机厂上海器材转运所在《申报》发布水泥、钢筋及炭精电极招标启事。

1947 年 4 月 28 日

住在 322 室的女性英侨埃梅里亚，由香港乘轮船返沪，在太古码头上岸雇车时被窃去联合国善后救济总署公文。

1947 年 5 月 18 日

《申报》报道，联合国远东办事处筹备处拟暂时在河滨大楼租赁办公。

1947 年 7 月 8 日

《申报》报道，联合国驻沪办事处设于河滨大楼 212 室。

1947 年 7 月 19 日

《申报》报道，有一位与上海市长吴国桢同名同姓的树基小学学生，15 岁，浙江余姚人，住在河滨大楼 716 室，中电一厂曾前往拍摄“上海之窗”镜头。

1947 年 7 月 23 日

《申报》报道，联合国国际难民组织远东局局长王人麟已就任，暂借河滨大楼 226 室办公。

1948 年 3 月 11 日

设于河滨大楼 203 室的联合国善后救济总署上海办事处结束，不少工作人员被解雇，多数曾在原上海公共租界工部局服务。

1948 年 5 月 13 日

设于河滨大楼 403 室的华光客货快轮公司在《申报》发布上海驶往重庆的船票广告。

1948 年 8 月 22 日

中国航空公司上海售票处包裹间在《申报》刊登迁移公告，自 8 月 23 日起，由邮政大厦迁至河滨大楼 380—384 室办公。

1948 年 10 月 16 日

住在河滨大楼 704 室的苏联珠宝商爱福浪（G. A.

Efron），因私营金钞汇嫌疑被上海市警察局拘押候审。

1949 年 5 月

国民党青年军部分官兵以河滨大楼为据点，死守河南路桥，负隅顽抗，经过赵祖康等多方劝说才举白旗投降。

1950 年 1 月 28 日

河滨大楼的女青年举行化装舞会。

1950 年

"二六"轰炸时，河滨大楼临时托儿所成为上海最早的里弄托儿所。

1950 年

画家谢稚柳、陈佩秋夫妇迁入居住。

20 世纪 50 年代初

河滨大楼屋顶驻扎了一个排的解放军防空部队，以塔楼中的 8 楼一套公寓作为营房。

1952 年

河滨大楼幼儿园成立，名为河滨幼儿园。

1953 年

上海市轮渡公司搬离河滨大楼，迁至外滩中山东一路 18 号麦加利银行大楼 3 楼办公。

1956 年

徐之河等知识分子迁入居住。

1957 年 1 月

新华地图社上海办事处租下河滨大楼四楼 412 室，给复旦大学教授谭其骧等作为编纂《中国历史地图集》的工作室。当年 9 月，编图工作组迁至复旦大学校内。

1958 年

唐振常等知识分子迁入居住。

1959 年

上海市立第一人民医院租得北苏州路 410 号河滨大楼 1 至 2 层，于 2 月 1 日把眼科和耳鼻喉科由圆明园路迁来。1965 年，眼科和耳鼻喉科迁到武进路 85 号该院分部。河滨大楼的业务用房暂时改作教学用房，1971 年 5 月起又一度改为门诊部。至今，北苏州路410号河滨大楼部分房屋，仍由上海市第一人民医院作为培训住房使用。

20世纪70年代

为解决职工居住困难，上海市第一商业局经过多方努力，并征得相关部门同意，打算在河滨大楼兴建加层工房，计划加三层。

1974年11月

为采购河滨大楼加层所用的建筑材料，上海市纺织品公司向上海市第一商业局申请费用着手准备。

1976年6月

为在河滨大楼加层，上海市第一百货商店、上海市第十百货商店、上海市外轮供应公司、上海纺织品采购供应站、上海市纺织品公司五家单位共同向上海市第一商业局请示，拟派人赴北京对接塔吊具体事宜。上海市第一商业局负责人在请示中批道："在河滨大楼加层三层，地基如何？要把原来设计图纸请设计院研究。要慎重这个地方地基下沉比其他地面严重。"

1978年

河滨大楼加建三层（有关单位参建，如上海海关参建其中2套）。

1982年

河滨大楼600多户居民联名向市里反映噪声污染问题。同时，有部分上海市人大代表就此问题提出呼吁，新华社内参也发表了此项消息。

1982年5月

上海市环境保护局致函上海市机电一局，请在声屏障研究方面已有成熟经验的上海机电设计研究院安排科研试验，提出治理方案，调研测试费用由环保局承担。

1982年

中央新闻纪录电影制片厂摄制专题片《愿得广厦千万间》，专门拍摄了河滨大楼加建三层的故事与居住场景。

1994 年 2 月 15 日

上海市人民政府公布河滨大楼为上海市优秀历史建筑。

2015 年

上海电视台纪实频道推出百集微纪录片《上海 100》，每集 6 分钟，其中有一集是《河滨大楼》。

2017 年 6 月

上海电视台新闻综合频道“上海故事”栏目播出《河滨大楼往事》。

2020 年上半年

虹口区房管局会同虹房集团，聘请专业设计单位对河滨大楼开展前期调研，制订了保护性修缮方案。

2020 年 11 月

河滨大楼开始整体修缮。

有关名人名录

徐润

广东香山人，近代著名买办、绅商，包括河滨大楼所在的虹口地块，在1887年以前一度属于徐润所有。

吉岛德三

早期上海日本侨民，1886年在铁马路（今河南北路）、北苏州路路口创办上海最早的日本旅馆东和洋行，原址即今河滨大楼西端。

金玉均、洪钟宇

1894年，朝鲜开化党首领金玉均在上海东和洋行被洪钟宇枪杀。

田中庆太郎

日本著名古籍书店文求堂主人，1916年为收购古籍字画，特地到上海，住东和洋行。

大谷是空

日本近代作家，1920年曾在上海游历，寓居东和洋行。

岩田一郎

日本人，北洋政府司法部法律编纂馆顾问，1922年到上海调查监狱情形，住东和洋行。

哈同

近代著名犹太富商，与妻子罗迦陵的住宅早年在江西路桥北堍，原址即今河滨大楼东端。

维克多·沙逊

英国籍犹太裔房地产商，新沙逊洋行老板，河滨大楼的投资建立者。

奚福泉

近现代著名华人建筑设计师，1929—1930年在英商公和洋行参与设计河滨大楼。

陆南初

上海新申营造厂总经理，河滨大楼承建者，自1930年年底开工，至1932年上半年，仅一半年时间全部竣工。

黄伯樵

在京沪沪杭甬铁路管理局局长任内，1933年3月至1936年9月在河滨大楼租赁办公，历时三年半。

吴绍曾

在京沪沪杭甬铁路管理局副局长任内，1933年3月至1936年5月在河滨大楼租赁办公，历时三年余。

伊罗生

美国籍犹太人，中文名伊罗生，1932—1934年寓居河滨大楼204室。

鲁迅

1933年7月5日晚，首次至河滨大楼204室伊罗生寓所；同年9月5日晚，在伊罗生寓所会晤出席世界反对帝国主义战争远东会议的法国代表瓦扬·古久里。

瓦扬·古久里

出席世界反对帝国主义战争远东会议的法国代表，1933年9月5日晚，在伊罗生寓所与鲁迅会晤。

约翰.W. 鲍威尔

《密勒氏评论报》原主编约翰.B. 鲍威尔之子，继任《密勒氏评论报》主编，寓居河滨大楼，1949年5月在大楼中亲历上海解放。

颜人杰

1947年6月成立的联合国驻沪办事处（亦称联合国远东新闻局）主任，办公地点设于河滨大楼212室，后迁黄浦路106号。

朱宝贤

1947年6月成立的联合国驻沪办事处（亦称联合国远东新闻局）副主任，办公地点设于河滨大楼212室，后迁黄浦路106号。

王人麟

1947年7月设立的联合国国际难民组织远东局局长，初设河滨大楼226室，后迁黄浦路106号。

赵曾珏

1945年6月任上海市公用局局长，1947年2月兼上海市轮渡公司官股常务董事，上海市轮渡公司筹备处于1946年4月起在北苏州路434号河滨大楼办公。

赵祖康

1949年5月上海解放前夕，以上海市政府代理市长身份将驻守河滨大楼等处的国民党军残余势力成功劝降。

包玉刚

1947年2月任上海市轮渡公司官股董事，上海市轮渡公司筹备处于1946年4月起在北苏州路434号河滨大楼办公。

颜惠庆

1947 年 2 月任上海市轮渡公司官股监察人，上海市轮渡公司筹备处于 1946 年 4 月起在北苏州路 434 号河滨大楼办公。

刘鸿生

1947 年 2 月任上海市轮渡公司商股董事，上海市轮渡公司筹备处于 1946 年 4 月起在北苏州路 434 号河滨大楼办公。

杜月笙

1947 年 2 月任上海市轮渡公司董事长，上海市轮渡公司筹备处于 1946 年 4 月起在北苏州路 434 号河滨大楼办公。

赵棣华

1947 年 2 月任上海市轮渡公司副董事长，上海市轮渡公司筹备处于 1946 年 4 月起在北苏州路 434 号河滨大楼办公。

张惠康

1947 年 2 月任上海市轮渡公司常务董事兼总经理，上海市轮渡公司筹备处于 1946 年 4 月起在北苏州路 434 号河滨大楼办公。

赵履清

解放后，任上海市人民政府公用局上海市轮渡公司总经理，在北苏州路 434 号河滨大楼办公。

宋耐行

解放后，任上海市人民政府公用局上海市轮渡公司副总经理，在北苏州路 434 号河滨大楼办公。

王一民

1949 年 5 月 28 日，受上海市军事管制委员会委派，作为军代表进驻位于河滨大楼的上海市轮渡公司，后任上海市人民政府公用局上海市轮渡公司副总经理，在北苏州路 434 号河滨大楼办公。

程门雪

著名中医，上海中医学院首任院长，该学院1956年创设于北苏州路410号河滨大楼，1958年迁至零陵路。

章巨膺

著名中医，上海中医学院首任教务长，该学院1956年创设于北苏州路410号河滨大楼，1958年迁至零陵路。

谢稚柳

著名画家，1950年至1956年在河滨大楼居住。

陈佩秋

著名画家，谢稚柳之妻，1950年至1956年在河滨大楼居住。

吴蕴瑞

著名体育教育家，上海体育学院首任院长，兼任中华全国体育总会筹委会副主任、中华全国体育总会副主席兼上海分会主席、中国体操协会主席、上海市体委副主任等职。1955年后入住河滨大楼5楼，直至1976年逝世。

吴青霞

著名画家，吴蕴瑞之妻，上海市文史研究馆馆员，1955年后入住河滨大楼5楼，1985年搬离。

顾水如

围棋国手，1953年7月受聘上海市文史研究馆馆员，1956年春起上海市第一届至第四届政协委员，同年6月加入中国农工民主党，居住河滨大楼5楼。

徐之河

著名经济学家，1956年9月起居住河滨大楼7楼，至2021年2月逝世。

唐振常

著名历史学家，1958年起居住河滨大楼4楼，至2002年逝世。

赵东生

著名眼科专家，有“东方一只眼”之誉，居住河滨大楼7楼，至2006年逝世。

娄尔行

著名会计学家、教育家，20 世纪 50 年代起居住河滨大楼 4 楼，至 2000 年逝世。

杨福家

著名科学家，曾任复旦大学副校长、校长，20 世纪 80 年代至 90 年代居住河滨大楼。

向迪琮

著名文史耆宿，1954 年以后，任上海市文史研究馆馆员，居住河滨大楼 3 楼，至 1969 年逝世。

魏小云

越剧表演艺术家，居住河滨大楼 5 楼，至 2007 年逝世。

陈念云

1983 年 9 月至 1989 年 1 月任解放日报社党委书记、总编辑，居住河滨大楼。

黄亚成

新四军老干部，1952 年起先后任上海水产学院副院长、院长，1983 年离休后居住河滨大楼。

谭其骧

著名历史地理学家，复旦大学教授，1957 年 1 月至 9 月在河滨大楼 4 楼编纂《中国历史图集》。

章巽

历史学家，复旦大学教授，1957 年 1 月至 9 月在河滨大楼 4 楼编纂《中国历史图集》。

邹逸麟

著名历史地理学家，复旦大学教授，1957 年 1 月至 9 月在河滨大楼 4 楼编纂《中国历史图集》。

王文楚

著名历史地理学家，复旦大学教授，1957 年 1 月至 9 月在河滨大楼 4 楼编纂《中国历史图集》。

参考文献

《申报》。

《字林西报行名录》（*The North China Desk Hong List*）。

《大陆报》（*The China Press*）。

上海市档案馆馆藏档案。

徐润：《徐愚斋自叙年谱》，1927年香山徐氏校印本。

《上海外事志》编辑室编：《上海外事志》，上海社会科学院出版社1999年版。

赖德霖主编：《近代哲匠录——中国近代重要建筑师、建筑事务所名录》，中国水利水电出版社、知识产权出版社2006年版。

徐之河：《百岁回眸：变迁与求索》，上海社会科学院出版社2016年版。

邹逸麟口述，林丽成撰稿：《邹逸麟口述历史》，上海书店出版社2016年版。

王向韬：《一九四九：在华西方人眼中的上海解放》，上海书店出版社2020年版。

后记

河滨大楼，近 20 年前初到上海读书时，就时常耳闻这幢老建筑的大名。说实话，2020 年以前，对这楼的印象，只是驻留在文献里，从未想过会去挖掘它的故事，哪怕走近它的念头都未曾萌生。

2020 年 5 月的某个夜里，恩师熊月之教授来电，嘱我尝试爬梳河滨大楼的史料，汇而成册，以应“爱上北外滩”系列丛书之需，便应承下来。之后利用余暇，开始蒐集散在各处的资料，所获愈多，疑问亦多，愈知其庞杂无穷尽。零星史料不算少，但要缀而成篇，却殊不易。我本才疏，勉力从诸多中英文史料中，厘清了该大楼的开工及建成时间，有此绵薄之获，算是一得。经略为梳理，有此不成其为书的小读物，挂一漏万，错舛难免，聊供读者诸君一哂，敬祈方家指正。

感谢熊月之、邢建榕、陈祖恩、傅钧文、樊东伟、傅斌、黄沂海、贾颖华、王向韬、孙忠伟、王唯、邓小娇、肖可霄、叶舟、黄婷、饶玲一、蓝天、徐斌、岳钦韬、董婷婷诸师友勉励、点拨、惠助；感谢已有的诸多文献、照片、地图、影像成果，供我学习、参考、引用；感谢虹口区档案馆、虹口区地方志办公室陆健、冯谷兰、季建智、万俊、蔡春华、陆雯等同仁给予的提示和助力；感谢学林出版社楼岚岚、胡雅君组稿并关心督促，认真编辑；感谢摄影师秦战、袁寅、朱梦周精心拍摄的多幅优质照片，为拙作增色不少；感谢领导、同事、师友的关切垂爱；感谢家人的支持与付出。

河滨大楼的故事多多，说不完，也写不尽；北外滩的风光怡人，看不够，亦忘不了。愿同道师友群策群力，互促并进，为世界会客厅再添亮色。

彭晓亮

2021 年 2 月

图书在版编目(CIP)数据

河滨大楼/彭晓亮著. —上海:学林出版社,
2021
(“爱上北外滩”系列/熊月之主编)
ISBN 978-7-5486-1714-3

Ⅰ.①河… Ⅱ.①彭… Ⅲ.①住宅—介绍—上海
Ⅳ.①K928.8

中国版本图书馆 CIP 数据核字(2020)第 250583 号

责任编辑 胡雅君
整体设计 姜 明

“爱上北外滩”系列
河滨大楼
熊月之 主编
彭晓亮 著

出　　版 学林出版社
(200001 上海福建中路 193 号)
发　　行 上海人民出版社发行中心
(200001 上海福建中路 193 号)
印　　刷 上海雅昌艺术印刷有限公司
开　　本 890×1240 1/32
印　　张 7.5
字　　数 20 万
版　　次 2021 年 5 月第 1 版
印　　次 2021 年 5 月第 1 次印刷
ISBN 978-7-5486-1714-3/K·200
定　　价 58.00 元

(如发生印刷、装订质量问题,读者可向工厂调换)